致密储层压裂井间干扰机理及其控制方法

张衍君　穆凌雨　杨　柳　著

石油工业出版社

内 容 提 要

本书利用现场分析、室内实验和数值模拟相结合的方法，阐述了致密储层压裂井间干扰的现场特征、形成机理、压裂裂缝网络连通规律，以及如何充分发挥干扰区压后液体的正面作用等，主要内容包括：压裂井间干扰现场特征、压裂井间干扰机理实验、压裂井间干扰数值模拟、井间主动干扰提高液体压后能效、压裂井间干扰控制方法等。

本书可供从事储层改造及提高油气采收率的科研人员、压裂工程师、相关专业院校师生参考阅读。

图书在版编目（CIP）数据

致密储层压裂井间干扰机理及其控制方法 / 张衍君，穆凌雨，杨柳著. —北京：石油工业出版社，2023.8
ISBN 978–7–5183–6407–7

Ⅰ. ①致⋯ Ⅱ. ①张⋯②穆⋯③杨⋯ Ⅲ. ① 致密砂岩–砂岩储集层–压裂井–控制方法 Ⅳ. ①TE357.1

中国国家版本馆CIP数据核字（2023）第195429号

出版发行：石油工业出版社
　　　　　（北京市朝阳区安华里 2 区 1 号楼　100011）
　　　　网　　址：www.petropub.com
　　　　编 辑 部：（010）64523687　图书营销中心：（010）64523633
经　　销：全国新华书店
印　　刷：北京九州迅驰传媒文化有限公司

2023 年 8 月第 1 版　　2023 年 8 月第 1 次印刷
787×1092 毫米　开本：1/16　印张：11.75
字数：265 千字

定　价：90.00 元

前　言

为提高致密储层的动用程度，采用体积压裂开发时，井距不断缩小，裂缝密度逐渐增大，导致压裂过程中井间干扰现象凸显，给压裂设计及后期的油气生产带来一系列问题。国外现场数据表明，Bakken 和 Haynesville 地区出现的压裂井间干扰超过 50% 的井对生产具有正面影响，对生产产生负面干扰的井仅占 20%；Eagle Ford、Woodford 以及 Niobrara 地区压裂井间干扰对生产产生正面影响的井占比不到 25%，对生产产生负面干扰的井约占 50%。国内油田现场方面，新疆油田芦草沟组页岩油、乌尔禾组砾岩油和长庆油田延长组页岩油等开发时出现压裂井间干扰现象，对生产有不同程度的影响。到目前为止，致密储层压裂井间干扰越发严重，但其特征尚不清楚、机理仍不明确、规律也没有被完全掌握，且井间干扰条件下压裂液的正面作用潜力未充分挖掘。

本书以芦草沟组页岩油储层为主要研究对象，利用现场分析、室内实验和数值模拟相结合的方法，阐述了致密储层压裂井间干扰的现场特征、形成机理、压裂裂缝网络连通规律，以及如何充分发挥干扰区压后液体的正面作用，同时，提出了主动利用压裂井间干扰，降低井间干扰对生产的负面影响，提高压后液体能效利用的控制方法。

全书共 6 章，第 1 章介绍了有关压裂井间干扰的国内外研究现状，包括井间干扰现象、井间干扰机理、压裂液的利用和井间干扰控制方法；第 2 章介绍了压裂井间干扰的现场特征，包括现场规律、分级定量评价方法等；第 3 章介绍了压裂井间干扰机理实验，包括微裂缝的连通性、自支撑裂缝的连通性和支撑剂支撑裂缝的连通性等；第 4 章介绍了压裂井间干扰数值模拟，包括非常规裂缝数学模型、压裂裂缝的模拟模型以及裂缝网络连通影响因素；第 5 章介绍了井间主动干扰提高液体能效，包括裂缝中压裂液的滞留、近缝面基质压力传递和干扰区渗吸驱油规律；第 6 章介绍压裂井间干扰控制方法，包括同步压裂技术、粉砂扩网技术以及同步闷井技术。

本书由西安石油大学张衍君统稿并定稿。中国石油集团工程技术研究院穆凌雨参与编写第 1 章、第 2 章的部分内容；张衍君参与编写第 1 章、第 2 章的部分内容和第 3 章、第 4 章、第 5 章全部内容，以及第 6 章的部分内容；中国矿业大学（北京）杨柳参与编写第 6 章的部分内容。在西安石油大学优秀学术著作出版基金、国家自然科学基金青年项目（编号：52304039）、国家自然科学基金重点项目（编号：51934005）的资助下，笔者及其团队刻苦钻研致密储层压裂井间干扰机理及其控制方法，以期为采用小井距水平井和体积压裂的模式开发致密储层，以及主动利用压裂井间干扰提高储层动用程度提供指导。本书的研究内容涉及多个学科和工程技术，形成了一系列丰富的研究成果，在撰写过程中得到西安石油大学周德胜教授、中国石油大学（北京）葛洪魁教授的悉心指导与帮助，在此表示衷心的感谢！

由于笔者水平有限，书中难免出现疏漏和不足之处，请各位读者批评指正。

目 录

第1章 绪论

致密储层的高效开发需要经过大规模体积压裂，以形成复杂的裂缝网络，尽可能增大储层改造体积[1]。为实现致密储层更高程度的动用，相邻井间井距不断缩小，裂缝密度不断增加，压裂过程中出现了严重的井间干扰现象，具体表现为已压裂井和正钻井的井口压力上升、生产井产液量增加[2]。与常规井间干扰不同，压裂井间干扰通常发生在致密储层，以井间裂缝连通为主，在压裂过程中对邻井有显著的影响，对生产具有正面或负面的作用，此现象已成为国内外油气工业界开发致密储层时重点关注的问题[3]。

国外现场数据表明，Bakken 和 Haynesville 地区出现的压裂井间干扰超过 50% 的井对生产具有正面影响，对生产产生负面干扰的井仅占 20%；Eagle Ford、Woodford 以及 Niobrara 地区压裂井间干扰对生产产生正面影响的井占比不到 25%，对生产产生负面干扰的井约占50%[4]。国内油田现场方面，新疆油田芦草沟组页岩油、乌尔禾组砾岩油和长庆油田延长组页岩油等开发时出现压裂井间干扰现象，对生产有不同程度的影响[5-7]。目前阶段，压裂井间干扰特征在不同区块的表现差异较大，缺乏高效、精确的分析手段，因此认识压裂井间干扰特征面临着诸多挑战。

掌握压裂干扰特征是研究压裂井间干扰机理和规律的前提，裂缝的扩展过程对于裂缝连通起到重要作用，前人对裂缝扩展规律有了较为充分的认识，但对裂缝连通性的研究较少[8-11]。压裂过程中连通的裂缝在裂缝系统中的高压流体释放后会闭合，裂缝的连通性也会发生相应的变化，独立研究裂缝扩展过程和裂缝连通性的方法不能满足压裂井间干扰研究的需求。同时，压裂井间干扰对生产的正面作用未得到足够重视，提高井间干扰条件下压裂液的能效也成为急需关注的问题。

1.1 井间干扰现象研究现状

常规储层的井间干扰通常指常规储层开发时注采模式的差异、老油田生产井加密等造成邻井的压力和产量受到影响（本书中称为常规井间干扰）[12, 13]。1986 年，庄惠农和朱亚东[14] 使用数值法和解析法得到了双重孔隙介质的井间干扰图版，求取了地层的渗流能力、压力的传导能力、裂缝与岩块的流动能力等参数。1994 年，李顺初等[15] 考虑了井筒存储效应与表皮因子，建立无限大地层生产井产率变化对邻井压力干扰的数学模型，并在脉冲试井分析中进行了应用，该研究对于多井系统的压力分析具有重要意义。2016 年，孙贺东[16]

建立了邻井同时关井或同时开井的试井图版，形成了多井压力恢复的分析方法，弥补了单井试井边界的影响。

2020年，王敬等[17]采用数值反演和物理模拟对缝洞型碳酸盐岩油藏不同注采条件下的井间干扰特征和影响因素开展了研究，溶洞储量和分布、渗透率比值、注采井距对水驱干扰特征影响较大，该研究为注采结构调整和生产时的动态分析提供相关技术思路。常规井间干扰以基质渗流的方式传递井间压力，研究大多应用在建立合理产能、反演试井参数和优化产液结构等方面[18-20]。致密储层开发时采用小井距和大规模压裂以形成复杂的裂缝网络，井间干扰（本书中称为压裂井间干扰）以裂缝网络传递井间压力为主[21, 22]，压裂井间干扰问题在国内外油田开发时表现越来越严重[23-25]。

2012年，Ajani等[26]研究了致密储层大规模压裂导致的井间干扰问题，使用Arkoma盆地179口井的数据分析了井间干扰对产能的影响。2014年，Lawal等[27]采用速率瞬时分析（Rate Transient Analysis，简写为RTA）方法计算了改造裂缝的面积，同时研究了井间干扰对生产的影响，分析认为，干扰后母井中改造裂缝的面积降低了60%，预测2020年油的产量降低16%。同时，采用Haynesville和Marcellus两个地区的案例进行了验证，认为裂缝面积、连通性以及渗透率均对压力冲击有影响。2017年，Tang等[28]采用嵌入式离散裂缝模型（EDFM）方法分析了体积压裂过程中的井间干扰对生产的影响，分析认为，当两井之间改造体积交叉区域过大时会产生负面影响，两井间改造体积交叉区域在一定范围内会形成正面的干扰。2017年，George等[29]研究了Eagle Ford地区由压力冲击引起的产能损失，并分析了造成产能损失的原因、产生储层伤害的位置、对应的预防方法以及针对性的工艺措施。2017年，Raul等[30]针对Haynesville页岩压裂井间干扰进行了研究，总结了65口被干扰井的产量情况，其中75%的井具有正面作用，16%的井具有负面作用，其余井没有受到明显的影响。2018年，Daneshy等[25]总结了井间裂缝的相互作用、完井的步骤、降低压力冲击对生产导致负面影响的方法，并给出了压力冲击对生产长期和短期影响的案例，如图1.1所示，短期影响在一定程度上对生产具有正向作用。2018年，Pankaj等[31]阐述了压力冲击对油气井生产的利弊，应力场的改变、压裂液以及支撑剂的分布均对生产具有显著影响。2020年，Yang等[32]构建了考虑压力冲击在内的垂直井解析模型，模拟关井期间的压力响应。国外多个致密储层作业区均显示出典型的压裂井间干扰问题，且呈现出对生产正面和负面影响差异，国内各个油田压裂井间干扰问题也逐渐凸显。

2018年，封猛等[33]针对吉木萨尔页岩油开展了压裂井间干扰的分析，水平井组压裂过程中出现了井间干扰问题，对邻井生产有直接影响。依据裂缝中的线性流特征判断不同的干扰类型，同时采用微地震的手段对分析方法进行了验证。2021年，周小金等[2]分析了页岩气水平井压裂期间形成的井间干扰，如图1.2所示，建立了压力传导模型，对天然裂缝的发育程度、分段簇间距、裂缝形态和压裂施工参数等因素进行了分析，同时提出了

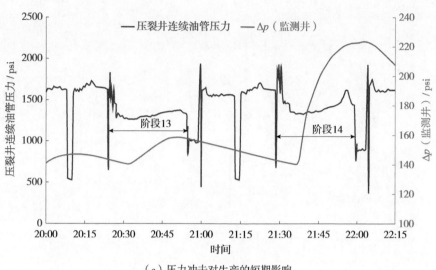

（a）压力冲击对生产的短期影响

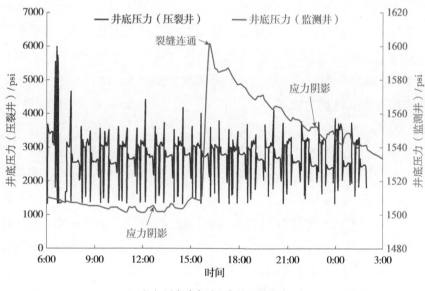

（b）压力冲击对生产的长期影响

图 1.1 压力冲击对生产的影响 [25]

压裂井间干扰的控制技术。2021 年，李国欣等 [6] 对致密砾岩油田的干扰进行了研究，研究发现不同井距试验中均发生了井间干扰的现象，最远干扰到达了 2km。目前阶段，致密储层压裂井间干扰成为国内外石油界无法回避的问题，对生产的影响不仅有正面作用、负面作用，而且有长期效应、短期效应，不同的区块和工艺方式等均会造成压裂井间干扰的显著影响。

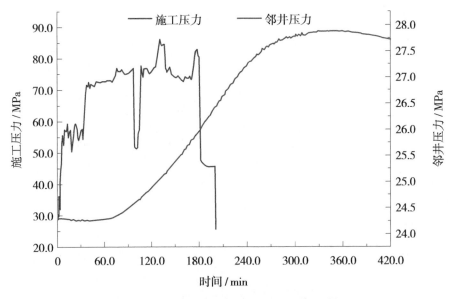

图 1.2 四川页岩气储层压裂邻井压力响应 [2]

对压裂井间干扰特征的认识需要借助一定的分析手段。为了能够快速掌握压裂干扰特征，现场工程师一般通过直接观察被干扰井井口压力的变化进行分析 [34, 35]。这种直接通过邻井压力曲线的响应来分析压裂井间干扰的程度的方法，现场应用较方便，但是以此为标准认识干扰类型并没有可靠的依据。某些情况下使用此方法甚至会得到截然不同的结论，比如 Daneshy 等 [25] 认为压裂干扰过程中邻井的压力波动是岩体的变形挤压造成的；Sani 等 [34] 认为邻井压力的小波动是裂缝之间的弱连通引起的。为更好地分析压裂井间干扰特征，前人对各类手段都有尝试，主要包括化学液体示踪剂、放射性支撑剂示踪剂和压力干扰测试等。受不规则流动状态的影响，液体示踪剂的实时追踪分析通常不准确，放射性支撑示踪剂成本较高，且难以获得生产过程中的裂缝连通信息 [36, 37]。压力干扰测试是通过监测井的压力变化来识别井间干扰的一种方法，具有成本低廉、能够实时监测和可连续分析的优点，但是对于监测井的压力采集要求较高 [38]。如何利用仅有的邻井井口压力数据识别井间干扰特征，成为急需解决的问题。近些年，在非常规储层开发过程中，发展起了通过压力或速率的变化反演流体流动信息的方法，比如 RTA 技术主要用于分析和识别流体的流动状态，在双对数坐标系中，压力和时间的关系符合斜率是 1/2 的关系，但大量现场数据表明，此斜率最终不一定会转化为 1/2，非均匀裂缝系统中流体的流动更加符合幂律特征 [39]。致密储层的强非均质性以及裂缝网络的复杂性是导致上述现象的重要原因 [40, 41]。2015 年，Chen 等 [42] 提出了以一维分数形式的压力扩散模型来模拟流体在复杂地质环境下的流动，指出压力的非均质扩散是由基质或裂缝系统的非均质性导致的，具有幂律扩散的特点。2016 年，Acuña 等 [43] 研究表明基质的尺寸、裂缝的导流能力和泄流形状呈现幂律模型的特点。2020 年，Chu 等 [44] 提出了一种分析幂律井间干扰测试数据的方法，此模型能够解释流体的流动特征、量化井间干扰、分析和预测存在井间干扰现象时储层的生产性能。幂律模型在井间干扰分析方面有了一定的应用基础，且能够考虑储层的强非均质性，但是大多数都应用在生产期间的数据分析上面，压裂时对压裂参数进行快速调整与优化要求对压裂过程中的井间压力干扰现象进行进一步的分析。

1.2 井间干扰机理研究现状

压裂井间干扰现象出现在小井距和体积压裂开发致密储层的过程中。体积压裂指采用水力压裂方式对储层进行改造，通过分段多簇、大液量、高排量、低黏液，以及转向技术等应用实现天然裂缝、岩石层理沟通，在主缝侧向强制形成次生缝，在次生缝上继续形成二级、三级裂缝[1]。体积改造的目的是形成复杂的裂缝网络，能够增大基质和裂缝的接触面积，尽可能地实现对储层长度、宽度以及高度三维方向上的全面改造[45, 46]。压裂井间干扰以井间裂缝网络传压为主，水力裂缝和天然裂缝的相互作用对井间裂缝网络的形成尤为关键[47]。2012 年，Stanchits 等[48]研究了存在弱面时，水力裂缝的起裂以及扩展过程。2016年，Kim 等[49]研究了天然裂缝网络与压裂缝的相互作用，评价了原地应力的大小和方位。2017 年，Li 等[50]用大尺度三轴压裂实验系统研究了层状地层中水力裂缝的扩展，并利用声发射和 CT 手段监测了裂缝的扩展过程，直观展示了裂缝在三维空间的分布，裂缝扩展如图1.3 所示。2017 年，周彤[51]用小型压裂物理模拟装置，分析了影响页岩储层水力裂缝起裂压力的主要因素，建立了单级非均匀多簇式射孔裂缝起裂的模型，同时研究了多裂缝之间的相互作用以及缝网的形成机制。水力裂缝激活更多的天然裂缝形成井间复杂缝网，进一步加剧裂缝连通的可能性[52, 53]。

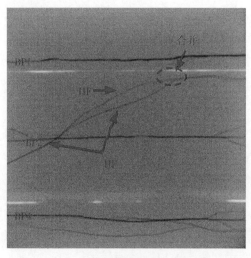
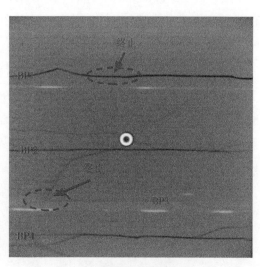

（a）裂缝扩展过程中合并　　　　　　　（b）裂缝扩展过程中终止

图 1.3　裂缝扩展过程[50]

天然裂缝和水力裂缝之间的相互作用受地应力状态的影响，在储层注液或开发过程中，地应力场的大小和方向都不断变化，形成更加复杂的地应力场，进一步影响裂缝的扩展[54, 55]。2017 年，为了认识孔隙压力变化对邻井裂缝扩展的影响，Manchanda 等[56]采用全三维的孔隙弹性地质力学模型模拟了低速注液方案，有助于理解在注液或开采过程中孔隙压力和地应力的变化对裂缝扩展的影响。2019 年，Anusarn 等[57]认为压裂井形成非对称的体积裂缝与被干扰井沟通，是形成压力冲击的主要原因，利用高效的流动和地质力学耦合模型表征了储层中的复杂裂缝形态，研究了加密井的裂缝传播对压力冲击的影响。2019 年，Fiallos 等[58]采用嵌入式离散裂缝模型（EDFM）研究了裂缝的分布对井间干扰的影响，认为压力冲击的存在加速了井平台井底压力的平衡。2020 年，Aadi 等[59]利用液体追踪技术研究了井间的相互作用，同时讨论了储层在开采 30 年后压力的严重降低现象，以及对相邻压裂井裂缝扩展的影响。不难发现，目前已有大量有关裂缝扩展的研究，少量学者研究了两井之间的相互作用对裂缝扩展的影响，虽然对控制因素进行了广泛探索，但并未形成系统的认识。同时，压裂井间干扰对油气生产的影响是裂缝扩展和压后裂缝的闭合共同决定的，两个过程是一个有机的整体，侧重于裂缝起裂与扩展的研究已无法满足压裂井间干扰对生产影响的需求。

多数学者把井间干扰研究的精力放在裂缝扩展过程中新形成裂缝与原有裂缝的相互作用上，没有重点关注裂缝相互影响后连通的程度[60, 61]。李继庆等[62]分析了井间渗透率和激动量等相关因素对压力场分布的影响，发现页岩气井间相互干扰造成气井的压力下降，从而影响产量。压裂规模均衡，井间储层连通性好，能够控制井周资源。Awada 等[63]认为井间连通规律是认识井间干扰机理的关键，并提出了通过现场生产数据识别井间干扰特征的方法，此方法能够降低井间干扰的负面影响，为完井提供指导。Haghshenas 等[64]提出了生产和监测井的压力数据定量分析井间连通性的解析模型，控制方程考虑了水力裂缝和基质系统，解析解和数值模拟的结果具有一致性。Felisa 等[65]研究了变开度裂缝中非牛顿流体的流动，裂缝的连通性与裂缝的开度以及流体的流变性有密切关系。Liu 等[66]建立了一个用于致密油藏的半解析模型来诊断裂缝的压力冲击，同时优选与井间干扰相关的测试参数，模型的优势在于可以模拟多井生产或关井过程，基于此模型研究了子母井不连通、子母井两井连通以及子母井三井连通情况下的生产。Daneshy 等[67]认为井间的相互作用对短期生产具有显著的影响，压裂裂缝将相邻井沟通起来，受应力环境、储层的力学性质、完井类型、裂缝的方向和间距、井距、射孔制度等综合因素的影响。压裂井间干扰受裂缝网络连通性影响，尤其是某些优势裂缝的连通，因此，粗糙裂缝的连通性在井间干扰中起到关键性作用，但是相应的连通规律并未完全掌握，同时，针对压裂井间干扰，以数值模拟为研究手段并不能较好地考虑裂缝系统中的缝面性质对裂缝闭合以及连通性的影响，对应的实验方法也没有形成。

微地震技术广泛用于描述水力压裂形成的裂缝情况，表征复杂的裂缝几何形状、水力裂缝和天然裂缝相互作用形成的裂缝系统[68, 69]，同时，能够直观显示裂缝的连通情况。2006 年，Waters 等[70]研究表明 Barnett 页岩多级水力压裂作业产生的微地震事件包含了巨大的岩石体积，沿着预计的方向扩展延伸了数百至上千英尺，同时沿着预计垂直的方向延伸了数百英尺。Fisher 等[71]解释了其他 Barnett 页岩微地震数据，原始裂缝的方位对裂缝扩展具有重要的影响。2012 年，Nagel 等[72]使用数值模拟手段研究了水力压裂过程中的微地震事件，系统分析了张性裂缝和剪切裂缝。2015 年，Maxwell 等[73]研究了水力压裂过程中微地震事件的差异，水力压裂过程中不同的压力效应和力学效应形成了不同类型的微地震事件，这些微地震事件能够解释裂缝的几何形状和改造体积。采用微地震监测压裂裂缝会产生高昂的费用，同时，微地震监测到的破裂点与后期是否会形成贯穿裂缝也没有必然的联系。单一使用微地震的方法也不能满足压裂井间干扰的监测需求。

1.3　压裂液的有效利用研究现状

压裂过程中发生井间干扰，导致压裂液的串流和邻井井口的压力变化，使得大量注入地层中的压裂液能效利用率受限，压后关井与提高压裂液的能效利用密切相关。储层吸收的压裂液对油气的产出具有正面作用，关井期间基质渗吸压裂液，同时，压裂液与储层间离子交换，裂缝系统中的压力也在变化[74-79]。葛洪魁等[80]认为页岩基质对压裂液的渗吸受孔隙度、渗透率、黏土矿物和液体性质等因素的影响，毛细管力是基质对压裂液渗吸的主要动力。在压裂过程中，含有添加剂（包括不同类型的离子）的压裂液注入储层使岩石破裂以形成复杂的裂缝网络，为油气的流动提供通道，同时提高了储层与井筒的接触面积[81, 82]。压裂后部分压裂液返排至地面，由于压裂液与储层相互作用，返排液中携带了大量地层中的离子[83, 84]。卢拥军等[85]研究得出压裂期间形成的缝网越复杂，储层中滞留的压裂液比例相对越高，返排液中的矿化度含量越大。到目前为止，出现压裂井间干扰导致的压裂液能效利用低的作用机理尚不明确，且工艺措施针对不同的储层条件适应性较差。

基于能量守恒原理，压裂液一部分作用于裂缝系统，另一部分通过与近缝面基质的相互作用发挥功效。考虑压裂和返排期间压力梯度的变化，只有少部分压裂液能够进入页岩基质，裂缝中的压裂液具有与支撑剂类似的作用，能支撑起闭合的裂缝[86]。天然裂缝开启后，压裂液在未支撑裂缝快速闭合的过程中不能及时排出，将会滞留于裂缝系统内[87]。Wang 等[88]研究得出压裂液的滞留机理包括基质渗吸和次级裂缝的滞留，基质或裂缝的性质以及关井时间等因素对生产效果具有显著影响，不同裂缝系统中压裂液的分布如图 1.4 所示。

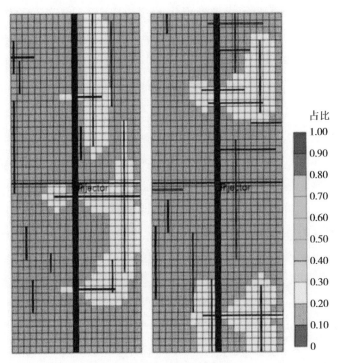

（a）简单缝网中压裂液的分布

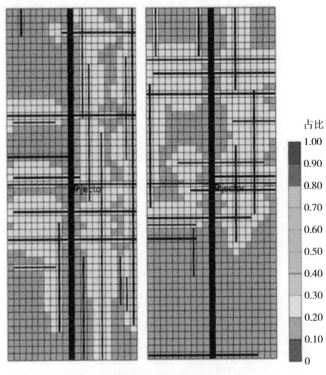

（b）复杂缝网中压裂液的分布

图 1.4　不同裂缝系统中压裂液的分布 [88]

体积压裂形成的缝网越复杂，裂缝的改造体积越大，导致压裂液的返排率越低，但目前还没有翔实的证据证明此观点[89]。Liu 等[90]利用数值模拟研究了页岩储层中裂缝的闭合、支撑剂的分布、重力作用对压裂液分布的影响，认为裂缝的闭合和支撑裂缝中的重力作用是压裂液滞留的主要机理。Parmar 等[91]实验研究了支撑裂缝中重力、表面张力以及润湿性等因素对压裂液滞留的影响，支撑裂缝中的重力分异对压裂液的滞留作用显著。

压裂液在毛细管力作用下渗吸进入缝面并逐渐扩散至基质深部，受岩石组分、矿物含量、孔渗特征、润湿性、地化特性和液体性质多种因素的影响[92, 93]。平行层理与垂直层理取芯得到的页岩基质和裂缝渗透率之间的明显差异表明流体在岩块中的流道不同。表面添加剂能改善表面的润湿性，降低水力压裂过程中压裂液的滤失。由海相和陆相页岩的自发渗吸对比实验可看出海相页岩的自发渗吸能力强于陆相页岩，在海相页岩自发渗吸的过程中观察到拉伸裂缝[94]。压裂液进入基质发挥作用与基质压力的传递紧密相关，前人对基质压力传递有阶段性的探索[95-99]。2019 年，Zhang 等[100]采用压力传递评价方法研究得出黏土的膨胀、分散和运移等是都会影响压力传递。Oort 等[101]为研究井壁稳定，进行了压力传递实验。到目前为止，仍未建立起服务于井间干扰机理研究的地层压力传递特征的评价方法，急需揭示井间干扰条件下基质压力传递的特征与微观机理，为提高压裂液的能效利用提供依据。

滞留于地层中的压裂液通过地层毛细管渗吸产生驱油的作用[101-108]，与常规储层注水开发不同，低孔、低渗透致密储层中的原油在压差驱动下较难流动，储层的动用效率普遍较低[109]。因此，渗吸动用在自然能量下不可动孔隙中的原油显得非常关键。前人已经开展了大量自发渗吸的实验研究，从常规砂岩、碳酸盐岩、火山岩到非常规的页岩均有涉及[110-113]。2013 年，Dehghanpour 等[112]提到富含黏土矿物岩石表面的毛细管力和渗吸作用下产生的微裂缝是岩样大量吸水的重要原因。2017 年，Zolfaghari 等[114]为了探索毛细管力在压裂液滤失机理中的作用，进行了自发渗吸实验，研究发现初始渗吸速率与后期渗吸速率存在明显的转换阶段，主要是致密岩样具有复杂多孔的性质。Setiawan 等[115]从微观角度研究了多孔介质岩石中流体的滞留机理，孔隙的类型对于自发渗吸液体的滞留有较大影响，不同通道自发渗吸速度的差异显著。由页岩浸没在纯水和饱和盐水中的吸水对比实验可以看出，页岩的吸涨应力能够导致次级裂缝，增加油气的采收率[116]。压裂液渗吸进入储层后伴随着一系列物理化学反应，基质吸水后膨胀，孔隙压力增加，增加油气产出效果[117]。

研究渗吸驱油潜力可采用的方法很多，如低场核磁共振、静态自发渗吸和动态自发渗吸等。Lai 等[104]通过核磁共振实验研究认为边界条件对渗吸驱油的影响不大，润湿性、温度和吸入液体的黏度是影响渗吸驱油的重要因素。Deng 等[118]研究了自发渗吸向强制渗吸转换的理论模型，认为储层越致密，毛细管力在渗吸中的作用越重要。Wang 等[119]认为压裂过后关井一段时间，需要考虑储层压力、储层温度、孔隙结构的连通性和自发渗吸能力，以便提高渗吸驱油的效率。Karimi 等[120] 利用离心与核磁共振（NMR）相结合的方法研究了毛细管力作用下渗吸驱油的机理，水残留在小孔隙中，油残留在大孔隙中。Kim 等[121] 研究了温度对自发渗吸驱油的影响，使用 200℃ 热水和蒸汽作为自发渗吸的介质，温度的升高改变了储层的润湿性指数，提高了渗吸驱油的效率。能量利用也受上述多种因素的影响，如储层的润湿性、层理的发育情况和微观孔隙结构等，然而上述因素对压裂液利用影响的认识并不完善[122-128]。

1.4 井间干扰控制方法研究现状

压裂井间干扰受井间裂缝网络影响，控制裂缝的连通主要体现在对天然连通裂缝的处理和对井间裂缝延伸的干预。钻井过程中遇到天然裂缝可能会形成严重漏失，通常会采用物理封堵或化学封堵。物理封堵方法是利用固体粒子在孔隙、裂隙处桥塞、填充沉积来实现隔绝流体的通路、阻止压力传递等目的[129, 130]。常用物理封堵方法包括刚性颗粒、弹性颗粒、纤维封堵和刚性—弹性—纤维封堵等[131]。

化学封堵指利用高聚物在材料界面上的静力、化学键力或者是界面间的分子作用力，使得聚合物在其界面上形成有效的粘接，并对多种材料化学反应时间加以控制，从而在需要堵漏的地方形成适用的堵漏材料。化学堵漏材料可大致分为凝胶、树脂和膨胀聚合物三大类[132]。化学堵漏方法的优点是封堵受到钻井液循环冲刷的影响较小，降低井漏事故的发生概率，一定情况下可解封恢复地层的渗透率[133]。除封堵裂缝，压裂过程中还可以采用压裂转向技术，压裂转向技术主要是在压裂过程中向地层注入具有一定抗压强度的暂堵剂，利用其对老裂缝的有效暂堵来提升裂缝内部的净压力，开启老裂缝附近的次级裂缝及微裂缝，实现压裂裂缝转向[134-136]。

针对裂缝扩展的干预，首先从影响裂缝扩展的主要因素上入手。2020 年，Chen 等[137] 为解决层状地层中多级多簇压裂设计问题，提出了三维多裂缝扩展模型，基于此模型研究了非均匀的簇间应力对裂缝扩展的影响。2017 年，Sobhaniaragh 等[138] 采用 CPNM（Cohesive Phantom Node Method）方法研究了裂缝间距、非均匀地应力和压裂液滤失速度等因素对于裂缝形成的影响，同时，考虑裂缝之间的应力阴影效应模拟了拉链式压裂，有助于深入理解复杂裂缝的形成过程。2018 年和 2019 年，Gao 等[139, 140] 建立了分层地质力学模型研究多薄层储层的裂缝扩展，考虑了存在弱面时应力状态的变化对裂缝起裂和扩展的影响，同时分析了地质力学参数的敏感性。2017 年，Huang 等[141] 通过实验研究了天然裂缝和不同应力状态对水力裂缝扩展的影响，水力裂缝在扩展的过程中遇到天然裂缝，通常会沿着天然裂缝面扩展，最终形成相较于原有水力裂缝更复杂的裂缝网络。一方面，压裂施工参数可在一定程度上影响裂缝的形成以及压后裂缝的连通。另一方面，地应力场的变化对邻井裂缝的扩展影响较大，注液或油气产出的过程伴随着孔隙压力的变化，进而导致地应力场更加复杂，使得邻井在裂缝扩展受复杂地应力场影响，可以通过注液干预地应力场，改变被干扰井裂缝的分布[55, 56]。目前阶段，需要加强裂缝扩展和压后闭合规律的一体化研究，改变工艺参数或地层力学状态综合控制裂缝的连通。

第2章 压裂井间干扰现场特征

进行压裂作业时，两井之间的井距较小或遇到天然裂缝带，压裂井缝内的高压流体经裂缝网络使被干扰井的井口压力上升。压裂完成后，被干扰井的井口压力仍可维持在较高水平，体现出典型的时间特征和空间特征。本章在厘清研究区压裂井间干扰历程的基础上，总结了压裂井间干扰的现场规律，包括被干扰井的压力变化幅度、干扰持续时间、井间干扰方向和干扰产液表现。与常规井间干扰的基质传压不同，压裂井间干扰的压力特征依赖于非均质的压裂缝网，以达西渗流为基础理论建立起的试井方法受到挑战。因此，借鉴压力异常扩散理论，采用幂律模型，基于被干扰井井口压力的波动，建立了压裂井间干扰分级定量评价的方法，对出现的压裂井间干扰进行了分类，以深入认识压裂井间干扰的特征。

2.1 研究区压裂井间干扰历程

准噶尔盆地芦草沟组试油时发现了吉木萨尔凹陷芦草沟组页岩油。为有效开发新探地层，将研究区分为上甜点和下甜点。采用"水平井＋密集切割"的开发方式取得了良好的开发效果。在初期试验阶段，压裂过程中出现了不同程度的干扰；在总结突破阶段，出现了更为严重的压裂井间干扰。为深入认识压裂井间干扰的特征，分析了28口压裂井的现场数据。统计的28口压裂井中22口井存在干扰或被干扰现象，存在压裂干扰的井占总井数的78%，干扰级数最多的达到18级，干扰级数较少的为1级，图2.1为压裂井的干扰级数情况。

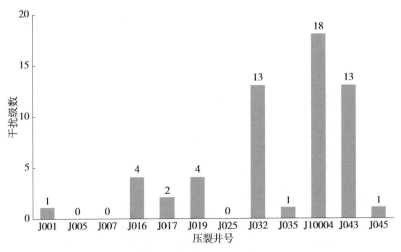

图2.1 压裂井间干扰级数

本书研究目的层主要集中在上甜点体，上甜点井垂深2750m左右，下甜点井垂深3100m左右，水平段长度在1100~1800m，垂深和水平段长如图2.2（a）所示。油层钻遇率较好的层段达到100%，较差的层段为30%左右，钻遇率差异较大，油层钻遇率如图2.2（b）所示。

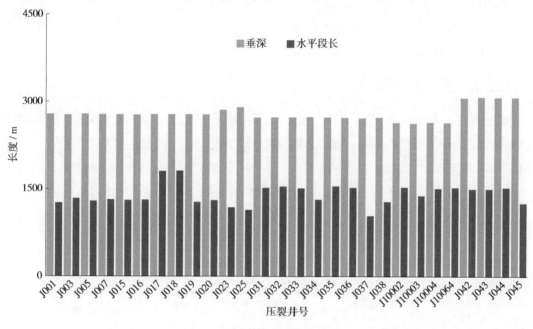

（a）垂深和水平段长

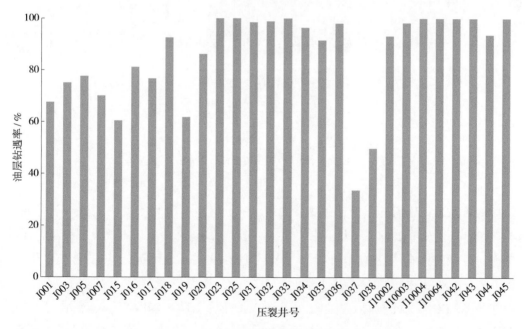

（b）油层钻遇率

图2.2 井参数和油层钻遇率

2.2 压裂井间干扰现场规律

干扰井压裂时被干扰井的井口压力上升，干扰井中的压力通过干扰区连通的裂缝向被干扰井中传递，与连通裂缝的空间特性紧密相关。本小节将从被干扰井井口压力的变化中初步判断压力变化幅度、干扰持续时间和井间干扰方向等压裂井间干扰规律，同时分析了被干扰井的产液表现。

2.2.1 压力变化幅度

本井压裂时邻井处于压后关井状态，LCG-1 井压后进行关井，后压裂的 LCG-2 井和 LCG-3 井对处于关井的 LCG-1 井形成两次明显的压裂干扰。同时，LCG-2 井受 LCG-3 井压裂干扰，先压裂的 LCG-5 井受后压裂 LCG-4 井干扰，井口压力上升是典型的干扰标志。受干扰井的实时井口压力变化如图 2.3 所示，横坐标为闷井时间，从开始闷井算起。

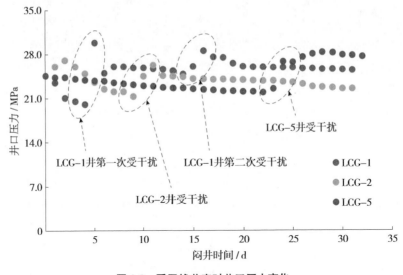

图 2.3　受干扰井实时井口压力变化

直线回归井口压力的上升曲线如图 2.4 所示，横坐标时间从监测到被干扰井井口压力上升开始记录。图 2.4（a）为 LCG-1 井第一次受 LCG-2 井压裂干扰，井口上升压力的斜率为 9.8；图 2.4（b）为 LCG-1 井第二次受 LCG-3 井压裂干扰，其井口上升压力的斜率为 1.85；LCG-2 井受 LCG-3 井干扰时，井口上升压力斜率为 2.5，如图 2.4（c）所示；LCG-5 井受 LCG-4 井干扰时，井口上升压力的斜率为 1.1，如图 2.4（d）所示。基于井口压力波动的斜率初步判断：LCG-1 井第一次受干扰的强度较大，第二次受干扰的强度小，其次为 LCG-2 井和 LCG-5 井。压裂参数相同的条件下，干扰压力上升得越快，受到的影响越大，这与两井裂缝网络的连通程度有关，可解释为连通性越好，压力上升得越快，压裂过程中受到的影响较大。邻井井口压力波动可作为初步判断压裂井间干扰程度的参考指标，但是这只能大概反映多段压裂各级沟通的综合效果，无法详细了解每一级的干扰情况。

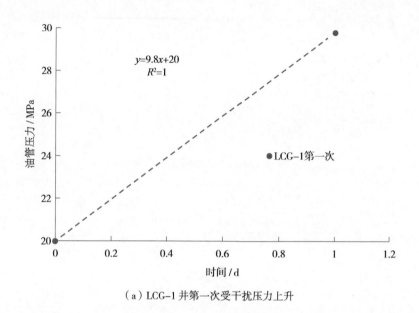

（a）LCG–1 井第一次受干扰压力上升

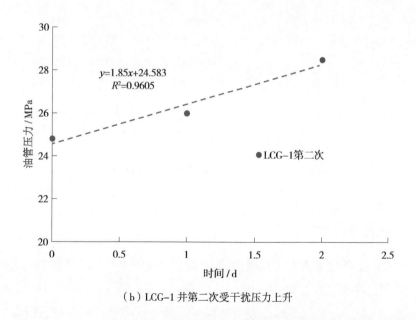

（b）LCG–1 井第二次受干扰压力上升

图 2.4　被干扰井在关井过程中的压力波动

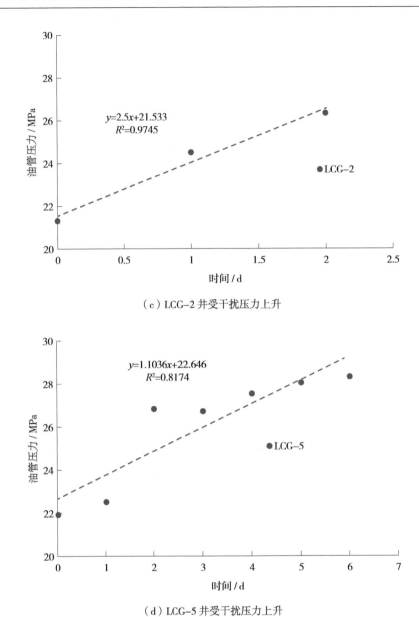

（c）LCG-2 井受干扰压力上升

（d）LCG-5 井受干扰压力上升

图 2.4　被干扰井在关井过程中的压力波动（续）

2.2.2　干扰持续时间

压裂过程中一旦产生干扰，干扰效应会在被干扰井中累积，压裂施工井向被干扰井中传递压力，被干扰井在关井过程中表现为井口压力上升，这是邻井压裂持续注液的结果。为了解每一级的压裂干扰情况，以压裂级为对象开展干扰持续时间分析。压裂 LCG-2 井第二十四级、第二十五级、第二十六级、第二十七级和第二十八级时，干扰了处于关井状态的 LCG-1 井，图 2.5 为 LCG-1 井的井口压力波动。压裂每一级邻井的井口压力都有一个跃升，相邻压裂级之间的施工时间较短，二十五级至二十八级在较高压力的范围内压力继续上升。表 2.1 为统计的每级压裂井间干扰参数，包括压裂开始时刻（压裂时刻）、邻井压力上升的时间（起压时刻）和被干扰井在每级压裂时到达峰值的时间（峰值时刻），并在上述参数的基础上获得了干扰压力到达邻井的时间（到达时间）、干扰压力到达邻井并达到压力峰值的时间（峰值时间）和压裂每一级时压力上升的时间（受效时间）。LCG-1 井受 LCG-2 井压裂干扰，到达时间最短的是压裂 LCG-2 井第二十四级，约为 6h，压裂其他级干扰到达时间基本在 11h，峰值时间比到达时间滞后 3h。压裂 LCG-2 井第二十四级受效时间为 6h，比其他压裂级的受效时间均要长，但是井口压力波动的幅度较小。LCG-2 井压裂第二十四级时产生的干扰与其他四级压裂时产生的干扰明显不同，可解释为压力传递介质的差异所致，传递压力的裂缝连通性较差。

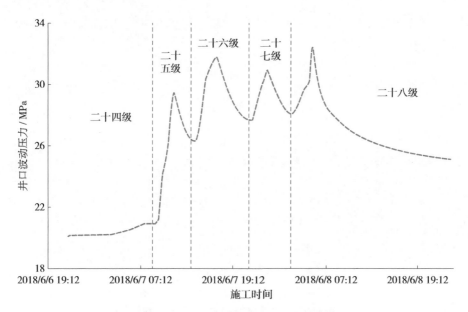

图 2.5　LCG-1 井受 LCG-2 井压裂干扰

表 2.1　LCG-1 井受 LCG-2 井压裂干扰的时间节点

邻井级数	压裂时刻	起压时刻	峰值时刻	到达时间/h	峰值时间/h	受效时间/h
二十四级	2018/6/6 15:40	2018/6/6 21:50	2018/6/7 09:20	约6	约12	约6
二十五级	2018/6/6 21:50	2018/6/7 09:40	2018/6/7 11:30	约11	约14	约3
二十六级	2018/6/7 03:00	2018/6/7 14:10	2018/6/7 17:10	约12	约15	约3
二十七级	2018/6/7 10:10	2018/6/7 21:30	2018/6/7 23:50	约10	约12	约2
二十八级	2018/6/7 15:20	2018/6/8 02:50	2018/6/8 05:30	约11	约14	约3

压裂 LCG-3 井十五级、十六级、十七级时，干扰处于压后关井状态的 LCG-2 井，压裂第十七级时，LCG-2 井压力显著上升，如图 2.6 所示。表 2.2 统计了每级压裂井间干扰参数，包括压裂时刻、起压时刻、峰值时刻，以及到达时间、峰值时间和受效时间。产生压裂干扰的三级到达时间均在 7h 左右，峰值时间具有显著的差异，第十七级压裂时达到 20h，第十七级受效时间是十五级和十六级的数倍，十七级受到邻井压力干扰受效时间最长。干扰受效时间能反映干扰的持续过程，受效时间长、压力增幅大，标志着干扰程度剧烈；受效时间短、压力增幅较小，意味着井间裂缝连通程度低，有利于干扰裂缝中压力的保持，可能对生产有正面作用。

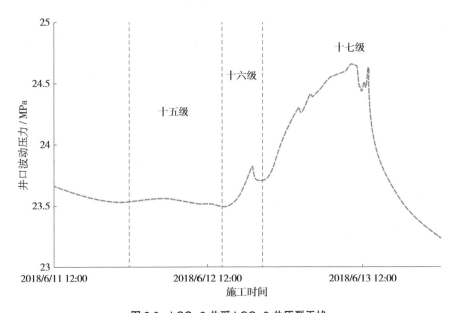

图 2.6　LCG-2 井受 LCG-3 井压裂干扰

表 2.2　LCG-2 井受 LCG-3 井压裂干扰的时间节点

邻井级数	压裂时刻	起压时刻	峰值时刻	到达时间/h	峰值时间/h	受效时间/h
十五级	2018/6/11 17:50	2018/6/12 00:30	2018/6/12 05:40	约6	约12	约6
十六级	2018/6/12 06:50	2018/6/12 15:10	2018/6/12 18:50	约8	约11	约3
十七级	2018/6/12 13:00	2018/6/12 20:50	2018/6/13 10:40	约7	约20	约13

2.2.3　井间干扰方向

井间干扰方向是压裂井间干扰的又一重要特征，认识井间干扰方向有助于间接掌握裂缝的发育方位，为压裂设计提供依据。如图 2.7 所示，LCG-5 井受 LCG-4 井压裂干扰、

LCG-2 井受 LCG-3 井压裂干扰，干扰的位置以及方向在图中用箭头进行了标注，两处干扰位置均为近南北向的串扰。图 2.8 中 JM-3 井受 JM-4 井和 JM-5 井压裂干扰，两处串扰的方向也为近南北向。可以看出，平面上裂缝串扰的方向以近南北向为主，这受研究区水平主应力的方向影响，最大水平主应力与裂缝串扰的方向基本保持一致。图 2.9 中 JM-1 井距离 JM-2 井平面距离 460m，垂向距离 143m，JM-1 井压裂时对 JM-2 井的生产造成干扰，不在同一平面上的井在压裂过程中也出现了井间干扰现象。研究区压裂干扰在平面上以近南北向为主，纵向上存在跨层干扰，压裂设计时要控制裂缝的过度延伸，降低平面干扰的负面影响，同时也要关注纵向上裂缝过度的发育，避免严重的跨层干扰。

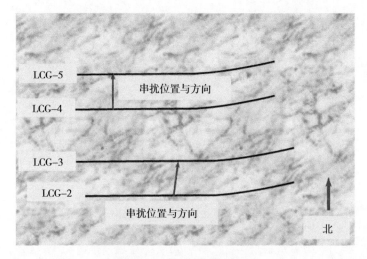

图 2.7 井组 A 压裂串扰方向

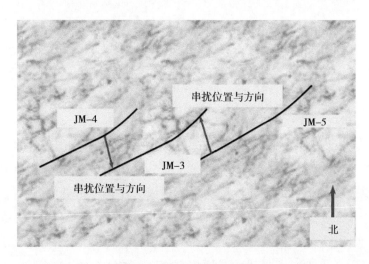

图 2.8 井组 B 压裂串扰方向

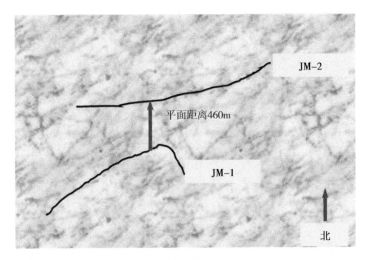

（a）平面距离

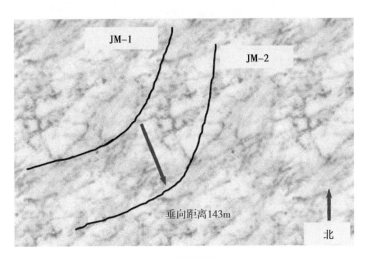

（b）垂直距离

图 2.9　垂向干扰距离

2.2.4　干扰产液表现

压裂结束后，被干扰井产液逐步恢复为正常状态，但因干扰性质的差异在产液上也表现出不同的特征。图 2.10（a）（b）分别为吉木萨尔被干扰的 A 井和 B 井压裂后产液恢复情况，进行压裂时两井均进行关井，压裂施工完成后开井。如图 2.10（a）所示，吉木萨尔被干扰井的含水率达到 100%，日产油较少，与未受干扰前相比，产量急剧下降。从关井时间计，超过 200 天的产量被影响，100 多天后含水率才开始下降，200 多天后含水率处于较低水平，但是也没有下降到被干扰前的水平。如图 2.10（b）所示，开井后产液迅速上升，含水率高于 80%，且产油量较低。可以看出，吉木萨尔页岩油的井间干扰对生产形成了负面影响，且维持时间较长。如图 2.10（c）所示，玛湖地区产生的井间干扰开井后产油量和产液量均迅速上升，且维持在较高产量，生产接近 200 天恢复到干扰前的产量。如图 2.10（d）所示，被干扰的 B 井开井后含水率迅速下降，产油也表现出增加的趋势，受负面干扰后能够快速恢复。玛湖地区的压裂井间干扰含水率下降快，产油上表现出正向的作用，且能维持较长的时间。被干扰井产液上在不同地区呈现出明显的正面和负面特征。

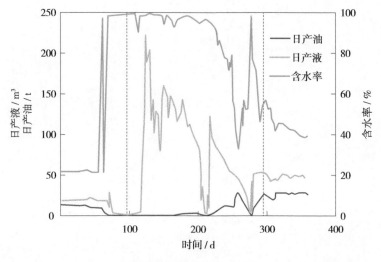

（a）吉木萨尔被干扰 A 井产量

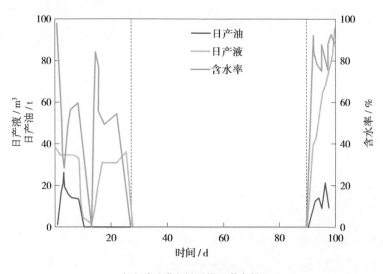

（b）吉木萨尔被干扰 B 井产量

图 2.10 井间干扰后产液规律图

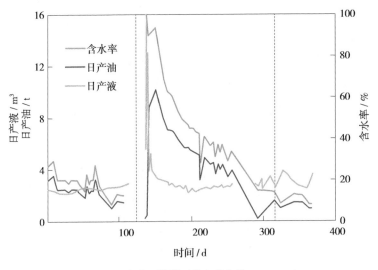

（c）玛湖被干扰 A 井产量

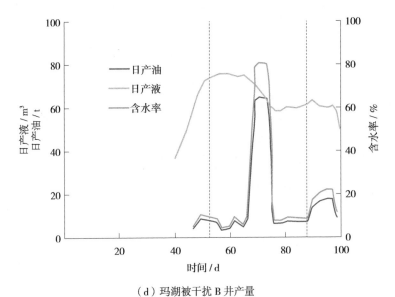

（d）玛湖被干扰 B 井产量

图 2.10　井间干扰后产液规律图（续）

2.3　压裂井间干扰分级定量评价

与常规储层相比，致密储层体积压裂通常会形成复杂裂缝网络，评价常规储层井间干扰的方法在分析非常规储层井间压力干扰时存在诸多问题，比如未考虑压力在非均匀裂缝网络中的传递。同时，将数段压裂串扰通过邻井井口压力整体评价，无法掌握每一级的干扰情况，不能针对每一级开展针对性设计。本节考虑非均匀裂缝系统中压力的传递，开展井间干扰分级定量评价研究。

2.3.1 评价方法建立

现场数据表明，考虑非均匀系统中压力异常扩散的幂律模型更加适用于致密储层体积压裂井间压力干扰分析，以幂律模型为理论基础，建立井间压力干扰分级实时诊断的方法。通量法则的表达式见式（2.1）[40, 42]：

$$v(x,t) = -\lambda_{\alpha,\beta} \frac{\partial^{1-\alpha}}{\partial t^{1-\alpha}} \left[\frac{\partial^{\beta}}{\partial x^{\beta}} p(x,t) \right] \tag{2.1}$$
$$\lambda_{\alpha,\beta} = k_{\alpha,\beta}/\mu$$

$$\frac{\partial^{\alpha}}{\partial t^{\alpha}} f(t) = \frac{1}{\Gamma(1-\alpha)} \int_0^t \mathrm{d}t'(t-t')^{-\alpha} \frac{\partial}{\partial t} f(t') \tag{2.2}$$

$$\frac{\partial^{\beta}}{\partial x^{\beta}} f(x) = \frac{1}{\Gamma(1-\beta)} \int_0^x \mathrm{d}x'(x-x')^{-\beta} \frac{\partial}{\partial x'} f(x') \tag{2.3}$$

式中：x 为距离；t 为时间；$p(x,t)$ 为压力；α 和 β 均为小于 1 的常数；$\partial^{\alpha}f(t)/\partial t^{\alpha}$ 为时间导数；$\partial^{\beta}f(x)/\partial x^{\beta}$ 为空间导数。

恒定速率生产时，结合式（2.2）和式（2.3），得到式（2.1）的通解：

$$\overline{p}_{\mathrm{D}}(x_{\mathrm{D}}, s) = \frac{\pi}{2} \left(\frac{\eta\%}{L^{\beta+1}} \right)^{\frac{1-\alpha}{\alpha}} \frac{1}{s^{2-\alpha}} \left[\frac{1}{u^{\frac{\beta}{\beta+1}}} E_{\beta+1}(ux_{\mathrm{D}}^{\beta+1}) - x_{\mathrm{D}}^{\beta} E_{\beta+1,\beta+1}(ux_{\mathrm{D}}^{\beta+1}) \right] \tag{2.4}$$

其中，$E_{\alpha,\beta}(x)$ 为两参数 Mittag–Leffler 函数，当 $x_{\mathrm{D}}=0$ 时，式（2.4）真空间中的解为：

$$p_{\mathrm{D}}(x_{\mathrm{D}}=0, t_{\mathrm{D}}) = \frac{\pi}{2} \frac{t_{\mathrm{D}}^{\frac{\beta+1-\alpha}{\alpha(\beta+1)}}}{\Gamma\left(2 - \dfrac{\alpha}{\beta+1}\right)} \tag{2.5}$$

当指数 $a = \dfrac{\beta+1-\alpha}{(\beta+1)}$，$\Delta p \approx \Delta t$，$\beta=1$ 时，可以得到 $p_{\mathrm{D}}(x_{\mathrm{D}}, t_{\mathrm{D}})$ 的解为：

$$p_{\mathrm{D}}(x_{\mathrm{D}}, t_{\mathrm{D}}) = \frac{\pi}{2} t_{\mathrm{D}}^{\frac{2-\alpha}{2\alpha}} H_{1,0}^{1,1} \left[\frac{x_{\mathrm{D}}}{\sqrt{t_{\mathrm{D}}}} \Bigg|_{(0,1)}^{\left(2-\frac{\alpha}{2}\right)\alpha} \right] \tag{2.6}$$

$H_{p,q}^{m,n}\left[x \Bigg| \begin{matrix} (a_1,A_1),\cdots,(a_p,A_p) \\ (b_1,B_1),\cdots,(b_p,B_p) \end{matrix} \right]$ 为 H 函数，由式（2.6）可知，被干扰井中 Δp 的指数与干扰井中的压差指数一致，都遵循幂函数形式，以此为基础建立压力的幂律扩散特征方法，分析体积压裂井间压力干扰。

由式（2.1）可知，异常压力扩散具有显著的幂律特征，本书中规定压差 Δp 是被干扰井受到干扰井干扰后的压力值与原始压力趋势的差值，存在井间干扰时被干扰井井口压力跃升如图 2.11 所示，具体计算见式（2.7）：

$$\Delta p = p_r - p_t \tag{2.7}$$

式中：p_r 为受压裂干扰后的实时压力；p_t 为初始延伸压力。

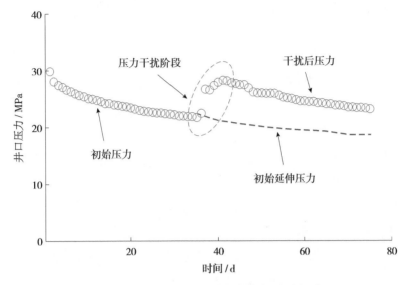

图 2.11　存在井间干扰时被干扰井井口压力跃升

关井期间井口压力不断下降，这是由压裂液向地层中的滤失以及裂缝系统中的初期压力不平衡导致的。初始延伸压力代表受干扰井在干扰期间压裂液向基质滤失以及充液不均匀向裂缝中扩散，Δp 代表流经两井连通区域的压力。

Chu 等[39]定义了压力干扰幅度（Magnitude of Pressure Interference）用来评价裂缝的连通性等级，在此基础上，本书定义压裂过程中的压力干扰程度（Pressure Interference during Fracturing，PIF），如图 2.12 所示。PIF 计算见式（2.8）和式（2.9）：

$$PIF = \frac{\Delta p}{2\Delta p'} \tag{2.8}$$

$$\Delta p' = \frac{d\Delta p}{d\ln t} \tag{2.9}$$

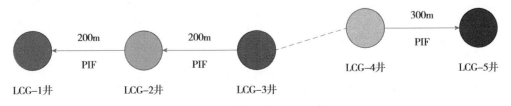

图 2.12　井间干扰 PIF 示意图

PIF 考虑到压力传递的大小 Δp 和速率 $\Delta p'$，能够判断压裂过程中被干扰井受干扰井压力干扰的幅度。具体实施步骤如下：（1）根据式（2.7）至式（2.9），计算出 Δp 和 $\Delta p'$，作出 Δp、$\Delta p'$ 随时间变化的双对数坐标图，对井间干扰通过 Δp 和 $\Delta p'$ 大致分类；（2）利用 Δp 与 $\Delta p'$ 的比值关系计算出 PIF，将各级裂缝的干扰程度定量化表征，并进一步确定井间干扰的类型。

2.3.2　评价方法应用

吉木萨尔凹陷致密油区位于新疆维吾尔自治区准噶尔盆地的东部，为西低东高的单斜构造[142]。页岩油主要产自于中二叠纪的芦草沟组，上侧发育梧桐沟组、下侧发育井井子沟组。芦草沟组地层属于湖相沉积，目的层位以细粉砂岩为主，岩心黏土矿物含量小于5%，且储层水敏性较低[143]。芦草沟组地层具有较强的非均质性，地层压力系数约为1.3，地层压力约为39MPa，地层温度约为86℃[144]。

为实现芦草沟组页岩油的高效开发，设计了LCG平台井（200m和300m的井距）进行现场试验，运用"水平井"和"人工裂缝密集切割"组合的思路进行了压裂开发。目标井编号为LCG–1、LCG–2、LCG–3、LCG–4和LCG–5。LCG–1、LCG–2和LCG–3井间的距离为200m，LCG–4和LCG–5井的间距为300m。目标井的井深处于3900～4400m之间，垂深约为2700m，改造段长为1400m，平均簇间距为15m，最大排量约为14m³/min，具体参数见表2.3。最大排量、总注入量以及注入速率等参数能实现对压裂造缝规模的精细化控制，也是影响井间干扰程度的重要参数[145]。

表2.3　目标井的井深、段长及压裂施工参数

井名	井深/m	垂深/m	改造段长/m	平均簇间距/m	最大排量/（m³/min）
LCG–1	3978	2655	1338	15.5	13.5
LCG–2	4310	2694	1502	15.2	14
LCG–3	4346	2704	1494	15.2	14
LCG–4	4190	2714	1420	15.5	13
LCG–5	4168	2727	1330	15.3	14

主井进行压裂作业时，被干扰井处于压后关井状态，井口压力随着时间的增加逐渐下降，如图2.13所示。先压裂LCG–5井，在LCG–4井压裂过程中，LCG–5井出现了井口压力的增加；然后压裂LCG–1井，压裂LCG–2井时，LCG–1井的井口压力波动；压裂LCG–3井时，LCG–2井和LCG–1井的井口压力均产生了激增的现象。由于数据采集原因，压裂LCG–3井时，LCG–1井压力的变化记录不完善，此文分析受LCG–2井干扰的LCG–1井、受LCG–3井干扰的LCG–2井、受LCG–4井干扰的LCG–5井3对井的压力干扰特点。

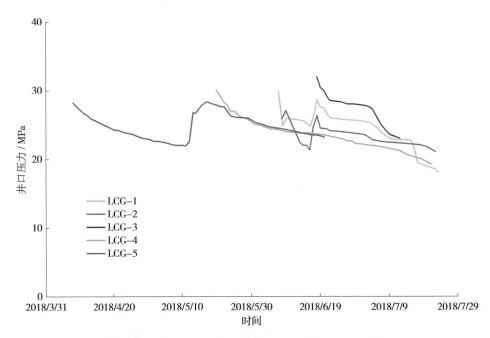

图 2.13 压裂施工过程中被干扰井关井时的井口压力变化

吉木萨尔页岩油在平台井压裂的过程中出现了井间干扰问题，然而通过调研现场采集的数据，发现存在以下问题：（1）压力采集均采用了井口压力计，与精准的井下压力相比，井口压力反映出的压力干扰响应灵敏性较差，但井口压力是前期能够识别井间干扰唯一有效的信息。（2）吉木萨尔页岩油的开发普遍采用压后关井的工艺，即压后不开井，在关井阶段井筒中的流体以未返排的压裂液为主，较低的原始地层溶解气油比降低了井筒对井口压力的影响。（3）关井过程中复杂裂缝系统中的压力处于非平衡状态，伴随着微裂缝的充液和基质的滤失，传统的试井理论无法对井口数据进行合理解释，后期进行试井成本较大，复杂裂缝条件下进行试井，也增加了试井解释的难度。完成试井作业需要较长的时间，这也无法满足对压裂施工参数及时调整、对可能出现的干扰快速预判的要求。因此，吉木萨尔地区井间沟通迫使井间干扰的研究向"分级精细化诊断"的思路开展工作，利用仅有的压裂过程中的井口压力数据识别井间干扰特征。

干扰压力测试分析可作为直接手段进行批量分析井间干扰程度，且能够与邻井对比。但是，目前的压力测试分析主要关注生产阶段的井间干扰识别，大规模体积压裂追求高复杂度的裂缝网络，导致只是利用生产阶段的特征很难说清楚井间干扰的问题。基于上述建立的井间压力干扰诊断方法，对 LCG-2 与 LCG-1 井、LCG-3 与 LCG-2 井、LCG-4 与 LCG-5 井 3 对井的压力干扰进行分析。

LCG-2 井共压裂 28 级，进行二十四级、二十五级、二十六级、二十七级和二十八级压裂时，均对 LCG-1 井产生了干扰。将上述五级的 Δp、$\Delta p'$ 和 PIF 对比，如图 2.14 所示，压裂二十四级时形成的井间干扰 Δp、$\Delta p'$ 和 PIF 均处在较低的水平，是微裂缝为介质的压力沟通。压裂 LCG-2 井的二十五级、二十六级、二十七级和二十八级对 LCG-1 井形成的干扰产生的 Δp、$\Delta p'$ 和 PIF 数值上具有微小差异，但根据变化幅度判断属同一类型的干扰，是以支撑裂缝为介质的压力连通。支撑裂缝包括自支撑裂缝和支撑剂支撑裂缝两类，各级之间 PIF 的微小差异是由支撑裂缝连通性的差别造成的。

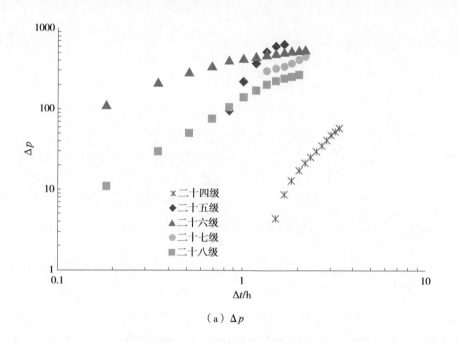

（a）Δp

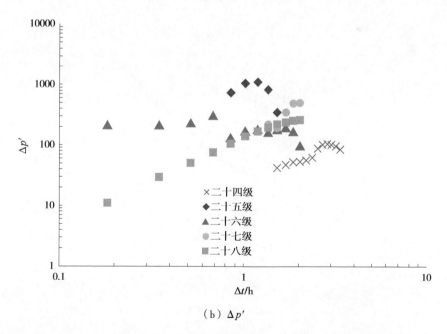

（b）$\Delta p'$

图 2.14 LCG-2 井压裂干扰 LCG-1 井

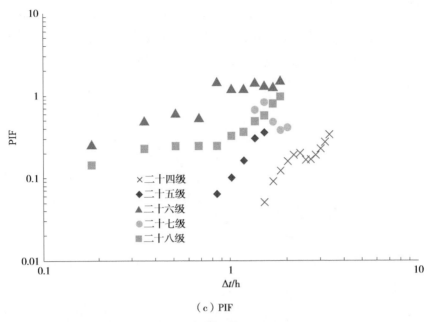

（c）PIF

图 2.14 LCG-2 井压裂干扰 LCG-1 井（续）

LCG-3 井压裂六级、七级、八级和九级时，对 LCG-2 井造成干扰，如图 2.15 所示，压裂七级时，对邻井段产生的 Δp、$\Delta p'$ 和 PIF 处于较高水平，其次为八级、六级、九级。Δp、$\Delta p'$ 和 PIF 的变化范围表明，六级、七级和八级压裂导致的井间干扰差异不大，它们为同一类型，是以连通性较弱的支撑裂缝连通为主导的干扰，每一级干扰程度的差异是

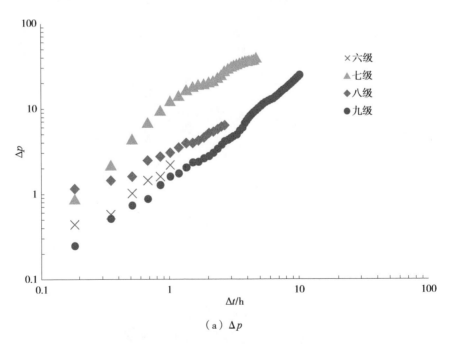

（a）Δp

图 2.15 LCG-3 井压裂干扰 LCG-2 井

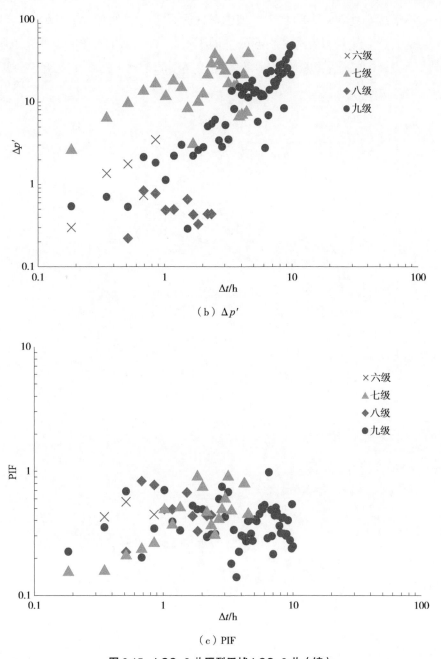

（b）$\Delta p'$

（c）PIF

图2.15　LCG-3井压裂干扰LCG-2井（续）

由部分发育的微裂缝造成的，也可能是由同类裂缝连通的差异造成的。九级压裂时，造成的干扰相对较轻，以微裂缝连通为主。若是压裂过程中大量微裂缝形成的压力扰动，在卸压后仍能维持一定的压力，这使得被干扰井能量得到有效的补充，有利于储层生产过程中的能量保持。

LCG-5井压裂十九级、二十级、二十二级、二十三级和二十六级时，对LCG-4井造成了干扰，整体干扰都处在较强的水平，如图 2.16 所示。十九级的 Δp、$\Delta p'$ 和 PIF 处于较高水平，是天然裂缝断裂带沟通引起的井间干扰。Δp、$\Delta p'$ 和 PIF 的变化范围表明，二十级、二十二级、二十三级和二十六级为同一类型的干扰，是以支撑裂缝连通为主导的干扰。

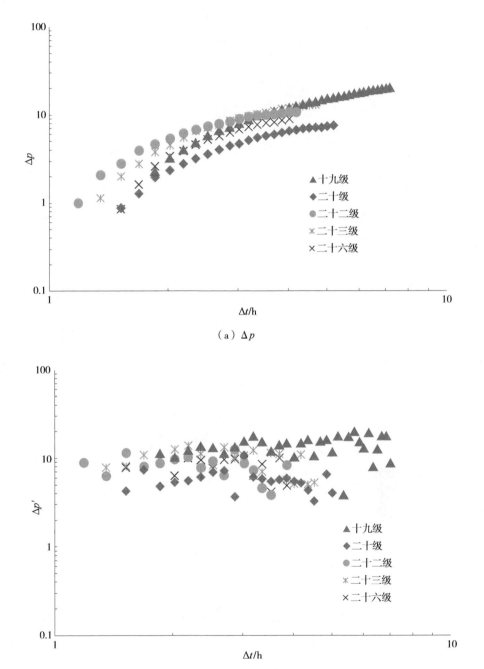

（a）Δp

（b）$\Delta p'$

图 2.16 LCG-5 井压裂时干扰 LCG-4 井

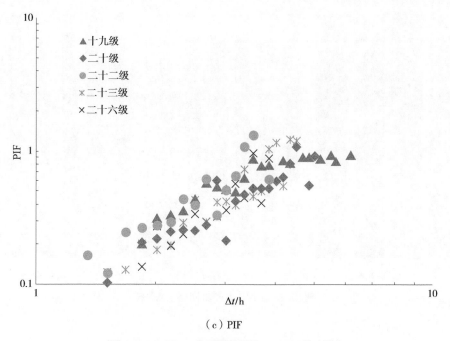

（c）PIF

图 2.16　LCG-5 井压裂时干扰 LCG-4 井（续）

通过铸体薄片观察可知（图 2.17），研究区层理裂缝较发育，且层理裂缝中都含有油，不仅为油提供储集空间，更是流体流动的优势通道，为井间压力的传递提供了条件。同时，研究区发育少量构造裂缝，这些层理缝、构造缝和微裂缝能够为压裂井间干扰提供更多的可能，体现为压裂过程中微小的井间压力响应。图 2.18 的地层微电阻率扫描成像（FMI）直接可观察到较发育的层理裂缝，进一步说明了研究区微裂缝较发育。

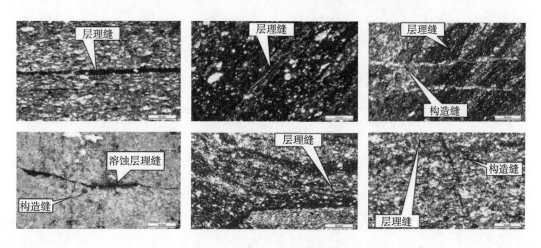

图 2.17　铸体薄片识别层理缝

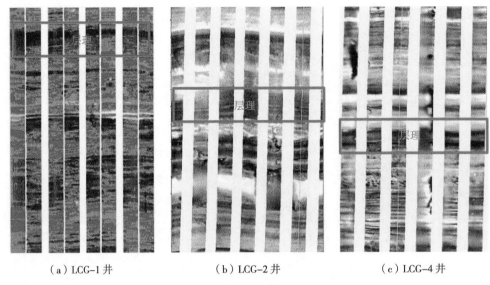

（a）LCG-1 井　　　　　　　（b）LCG-2 井　　　　　　　（c）LCG-4 井

图 2.18　层理缝在 FMI 图像上的特征

压裂 LCG-5 井十九级时对 LCG-4 井产生了干扰，PIF 值超过 0.6。由储层蚂蚁体属性平面图（图 2.19）可知，LCG-5 井与 LCG-4 井之间十九级的位置存在天然裂缝发育带，导致两井之间的连通，上述部分将十九级压裂的沟通划分为天然裂缝沟通型，同时能够说明分类方法的合理性。

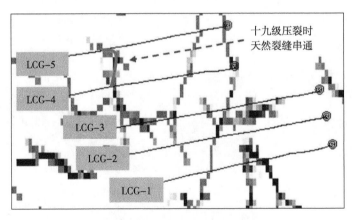

图 2.19　储层蚂蚁体属性平面图

明确井间干扰类型能够认识干扰带来的问题，进而降低井间干扰对生产的负面影响。图 2.20 是 LCG-1 井、LCG-2 井和 LCG-5 井各级压裂时计算得到的 PIF，PIF 是井间干扰程度的重要指标。图 2.20（a）显示二十四级压裂形成的干扰 PIF 值低于 0.4，干扰强度较低，分类为以微裂缝为主导的压力沟通型干扰。二十五级、二十六级、二十七级以及二十八级压裂形成的 PIF 值处于 0.4 ~ 0.6 之间，平均值整体较大，此类干扰为同一种干扰类型，且干扰强度明显要强于二十四级的干扰，分类为支撑裂缝沟通型干扰，可能伴有部分微裂缝；图 2.20（b）中六级、七级和八级的干扰强度比较接近，九级的干扰强度偏弱，六级、七级和八级干扰同属一种类型，是以支撑裂缝连通为主导的干扰。九级是以连通性较好的微裂缝或连通性较差的支撑裂缝为主要介质的干扰；图 2.20（c）中二十级、二十二级和二十三级的 PIF 值在 0.4 ～ 0.6 之间，干扰强度一般，分类为以支撑裂缝为主导的干扰类型。十九级压裂时形成的 PIF 值较大，超过了 0.6，分类为天然裂缝带沟通形成的干扰。

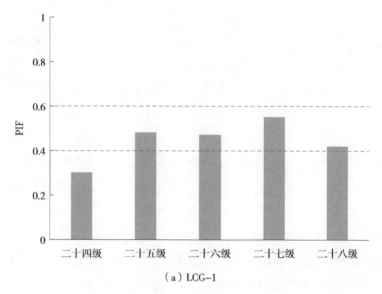

（a）LCG–1

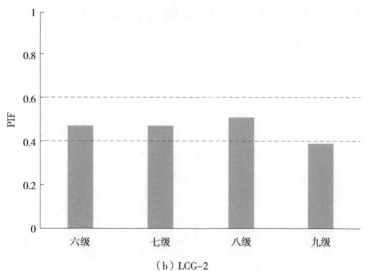

（b）LCG–2

图 2.20　LCG–1、LCG–2 和 LCG–5 井的 PIF

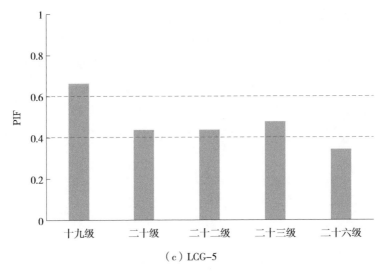

（c）LCG-5

图 2.20　LCG-1、LCG-2 和 LCG-5 井的 PIF（续）

　　压裂过程中的井间压力干扰分类见表 2.4。干扰类别主要包括压力沟通型、支撑裂缝沟通型和天然裂缝带沟通型，井口数据波动为主要特征，此分类方法与 King 等[146] 的分类具有一致性。压力沟通型的 PIF 在 0 ~ 0.4 之间，以微裂缝或层理缝沟通为主，压裂充液时压力缓慢上升，卸载时压力趋于平稳，后期有利于保持储层压力。支撑裂缝沟通型的 PIF 值在 0.4 ~ 0.6 之间，以支撑裂缝沟通为主，充液时压力上升较快，卸载时响应压力相对敏感，若是以自支撑裂缝沟通为主，多数有利于压力保持，若是以支撑剂支撑裂缝沟通为主，容易造成井间压力的沟通。天然裂缝带沟通型的 PIF 值在 0.6 ~ 1 之间，以天然裂缝为主要的沟通介质，充液时压力迅速上升，卸载时响应压力下降快，大面积串扰，两井压力具有同步特征，不利于后期保持储层压力。

表 2.4　压裂过程中的井间压力干扰分类

序号	干扰类别	PIF	连通方式	表现形式	生产影响
1	压力 沟通型	0 ~ 0.4	微裂缝	充液时压力缓慢上升 卸载时压力趋于平稳	利于保持 储层压力
2	支撑裂 缝沟通型	0.4 ~ 0.6	支撑裂缝	充液时压力上升较快 卸载响应压力较敏感	自支撑保压 支撑剂串压
3	天然裂缝带 沟通型	0.6 ~ 1	裂缝带	充液时压力迅速上升 卸载下降快，同步性	大面积串扰 不利于保压

　　根据上述的干扰分类，干扰示意图如图 2.21 所示。图 2.21（a）是经微裂缝沟通形成的压裂井间干扰；图 2.21（b）是由支撑裂缝中自支撑裂缝连通引起的压裂井间干扰；图 2.21（c）是由支撑剂支撑裂缝连通引起的压裂井间干扰；图 2.21（d）是由天然裂缝带沟通引起

的压裂井间干扰。不同类型的串扰导致压裂井间干扰的表现特征、需要的防治措施、对后期油气生产的影响具有较大差异。

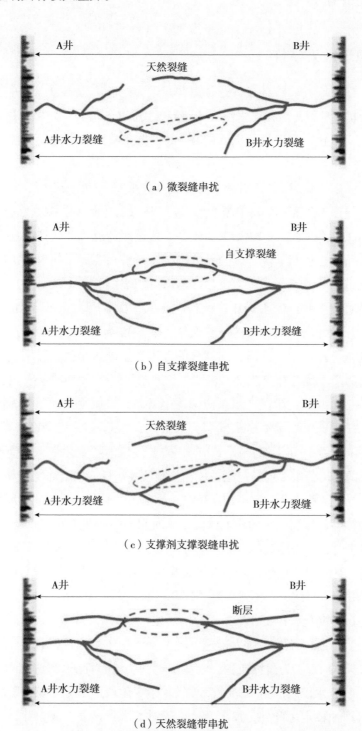

（a）微裂缝串扰

（b）自支撑裂缝串扰

（c）支撑剂支撑裂缝串扰

（d）天然裂缝带串扰

图2.21 串扰类型示意图

2.4 受干扰井排采特征分析

2.4.1 现场排采特征

LCG-1 井、LCG-2 井、LCG-5 井这 3 口井采用大规模体积压裂与闷井工艺，出现了显著的压裂井间干扰现象，为对比排采特征的差异，增加 D-1 和 D-2 两口井作为对照组，D-1 井未受到压裂井间干扰，也未进行压后闷井，D-2 井未受到压裂井间干扰，但是进行了压后闷井。

LCG-1 井、LCG-2 井、LCG-5 井 3 口受干扰井排采特征如图 2.22 所示，根据油压压降、产液将排采特征分为 3 个阶段。其中图 2.22（a）、图 2.22（c）、图 2.22（e）处于闷井阶段，图 2.22（b）、图 2.22（d）、图 2.22（f）为闷井阶段过后的返排和生产初期阶段。第 1 阶段为闷井阶段，井口压力逐渐下降、裂缝系统中的压裂液在高压下向地层扩散，近缝面基质的油在毛细管力作用下被置换至裂缝网络；图 2.22（a）、图 2.22（c）、图 2.22（e）显示，受干扰井在闷井过程中井口油压跃升，延迟了闷井压力的下降。受干扰井在闷井过程中受到了来自邻井的压裂冲击，两口井的裂缝系统连通导致受干扰井压力上升，但受到干扰的时间以及程度无法直接判断，这与井间裂缝的连通类型密切相关。若压裂完成后裂缝完全闭合，该干扰将为受干扰井补充能量；否则，长期的井间串扰将影响受干扰井后期的生产。第 2 阶段为闷井后开井，此阶段产水、产油均上升，井口压力迅速下降，图 2.22（b）、图 2.22（d）、图 2.22（f）也显示油压出现了明显波动，这是油嘴尺寸的改变导致的。因此，基于现场数据进行压裂井间干扰特征分析时，需要注意油嘴变化带来的伪干扰。油嘴在生产中有非常重要的作用，主要包括控制油压、控制油井产量、调整油气比等，油嘴选择合理对保护油层长期高产、稳产非常重要。在生产过程中，主要通过改变油嘴尺寸来实现以上功能，然而，更换油嘴时需要一定的作业时间，此时间段内油井关井，并处于压力恢复状态，油压会有小幅度上升，对流体流动特征和油井产量也有一定程度的影响，瞬间的压力变化较难捕捉，本分析过程中忽略短暂作业期对产量及油压的影响。第 3 阶段日产水迅速下降、压力下降速度降低并趋于平缓，产油量攀升并逐渐稳定。

根据产液情况的变化，D-1 井排采划分为 3 段，如图 2.23 所示，第 1 阶段（Ⅰ）为纯压裂液产出阶段，日产水以及井口压力迅速下降，流体膨胀、压后裂缝闭合为液体产出的主要驱动力；第 2 阶段（Ⅱ）为过渡阶段，延续了上一阶段的特征，但有所弱化，开始产油，仍以产水为主，日产水以及压力下降速度放缓；第 3 阶段（Ⅲ）为稳定阶段，井口压力稳定，日产水与日产油稳定。此外，加大生产油嘴时产水量显著上升，并迅速回落，产油量也有一个明显的上升。

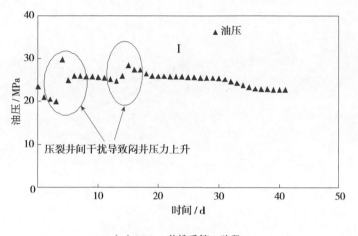

（a）LCG-1 井排采第 1 阶段

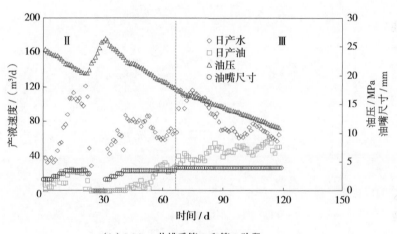

（b）LCG-1 井排采第 2 和第 3 阶段

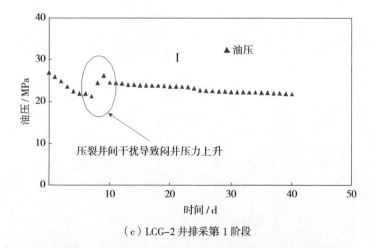

（c）LCG-2 井排采第 1 阶段

图 2.22　LCG-1 井、LCG-2 井、LCG-5 井现场排采特征

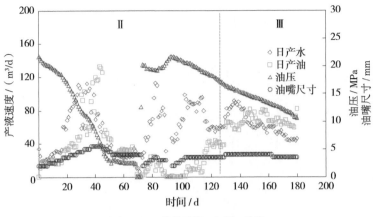

（d）LCG-2 井排采第 2 和第 3 阶段

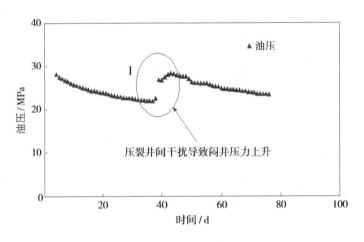

（e）LCG-5 井排采第 1 阶段

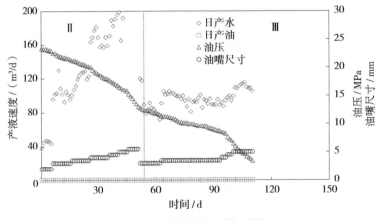

（f）LCG-5 井排采第 2 和第 3 阶段

图 2.22　LCG-1 井、LCG-2 井、LCG-5 井现场排采特征（续）

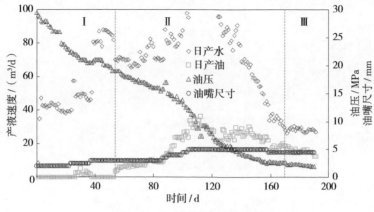

图 2.23　D-1 井现场排采特征

D-2 井采用大规模压裂，并且进行了闷井以及返排生产，如图 2.24 所示，D-2 井排采共计可划分为 3 个阶段，第 1 阶段（Ⅰ）为闷井阶段，井口压力逐渐下降，裂缝系统中存在的压裂液在高压下向地层扩散；第 2 阶段（Ⅱ）为闷井后开井阶段，产水、产油均上升，井口压力迅速下降；第 3 阶段（Ⅲ）日产水迅速下降，压力下降速度降低并趋于平缓。在第 1 阶段，高压压裂液向地层中扩散，裂缝中的压力下降，裂缝逐渐闭合；第 2 阶段在裂缝闭合以及液体弹性能的综合作用下液体返排。D-2 井前期不存在井间干扰，闷井后开井即见油，产油量迅速上升，但油压下降也较平稳。

综合来看：LCG-1 井、LCG-2 井、LCG-3 井呈现出典型的压裂井间干扰特征，压力保持较好；D-1 井未进行压后闷井，压力下降较快；D-2 井进行大规模压裂并进行了压后闷井，不存在压裂井间干扰现象，压力保持较好，油压下降也较平稳。另外，对比 D-1 井未闷井情况，LCG-1 井、LCG-2 井、LCG-3 井以及 D-2 井闷井条件产水明显下降。仅从现场产水特征仍无法判断受干扰井是否会因邻井压裂干扰导致其产水增加，若压裂井滞留液进入受干扰井，流体的不配伍性将会对近缝面基质造成伤害。

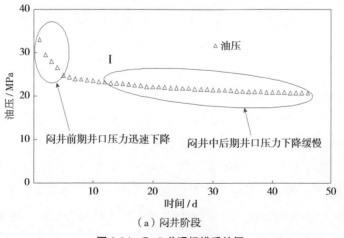

（a）闷井阶段

图 2.24　D-2 井现场排采特征

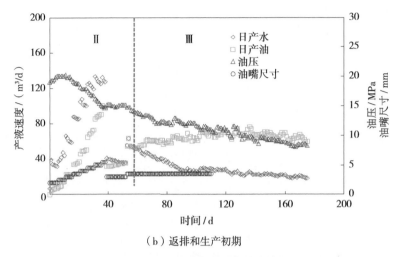

（b）返排和生产初期

图 2.24　D-2 井现场排采特征（续）

对页岩油储层进行大规模压裂开发时，受干扰井在闷井过程中井口压力上升，作为被干扰的重要标志。压裂过程中受干扰井在生产过程中的干扰程度仍难以判定。为进一步探索压裂井间干扰在生产期间对受干扰井的影响，开展了压裂井间干扰条件下页岩油储层受干扰井排采数值模拟，明确压裂导致的裂缝串通对受干扰井压力分布及生产的影响规律。前述内容主要是研究闷井、返排以及生产初期这 3 个阶段，干扰井对被干扰井的干扰情况，并未明确井间相对位置、相邻井间压裂缝的沟通数量以及干扰井对被干扰井产量的影响。数值模拟是对现场数据分析的补充和升级，不仅模拟了 2 口井的平面相对位置关系，井间裂缝沟通数量，生产初期对被干扰井产量的影响，同时，更侧重于生产初期对被干扰井的干扰作用。

2.4.2　模型建立

模型基本参数见表 2.5，模拟目的层厚约为 21m，渗透率为储层等效渗透率，岩石压缩系数量级为 10^{-4} MPa^{-1}，模型基本参数来源于现场压裂井，能够满足建立数值模型的要求。借助 Topaze 软件工具，建立模型进行数值模拟，除了可以得到常规试井解释所能提供的成果，如地层压力、表皮系数、渗透率等参数，还可以监测油井产量和流压，与干扰试井有类似的功能，成为表征井间干扰程度的重要手段。

以受干扰井为研究对象，模型校正尺寸为 1800m×650m，水平段长约 1500m，与现场井组参数具有较高的吻合度。基于现场压裂微地震监测解释的裂缝数据，受干扰井模拟裂缝半长约为 90m，压裂井未沟通裂缝半长约为 90m。压裂井过度扩展的裂缝延伸至受干扰井，本文中将其设置为 150m。基于上述模型基本参数，为明确不同类型的裂缝串通对受干扰井压力分布及生产影响的规律，以 2 口无干扰水平井模型为参考，建立了与 1 条及多条裂缝沟通干扰条件下的对比模型。

表 2.5 模型基本参数

参 数	取 值	参 数	取 值
储层有效厚度/m	21	裂缝高度/m	37.8
油层中深/m	2654	水平段长度/m	1500
储层有效孔隙度/%	9.14	裂缝段数	28
等效渗透率/mD	90	受干扰井裂缝半长/m	93
含水饱和度/%	30	压裂井未沟通裂缝半长/m	93
岩石压缩系数/MPa^{-1}	4.35×10^{-4}	压裂井沟通裂缝半长/m	150
模型尺寸/（m×m）	1800×650		

2.4.3 结果分析

模拟不同压裂裂缝连通情况对受干扰井压力分布的影响，如图 2.25 所示。图 2.25（a）为不存在井间干扰时的基础情况，图 2.25（b）至图 2.25（f）分别为存在 1~5 条压裂井间连通裂缝时的压力分布。由图 2.25（a）（b）可知，存在压裂裂缝连通导致的井间干扰比不存在时压裂井压力的改变更为显著，受干扰井虽然受到邻井干扰，但是生产过程中压力分布的变化没有压裂井表现明显。此外，随着井间连通裂缝条数的增加，压裂井压力受到影

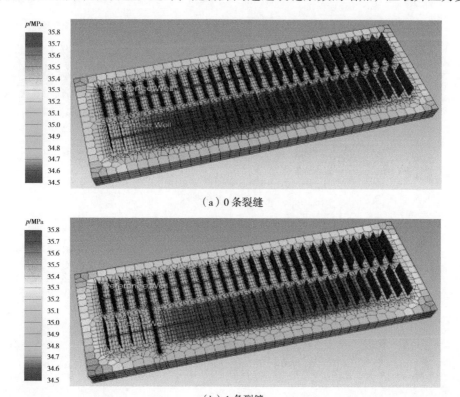

（a）0 条裂缝

（b）1 条裂缝

图 2.25 井间干扰条件下压力分布

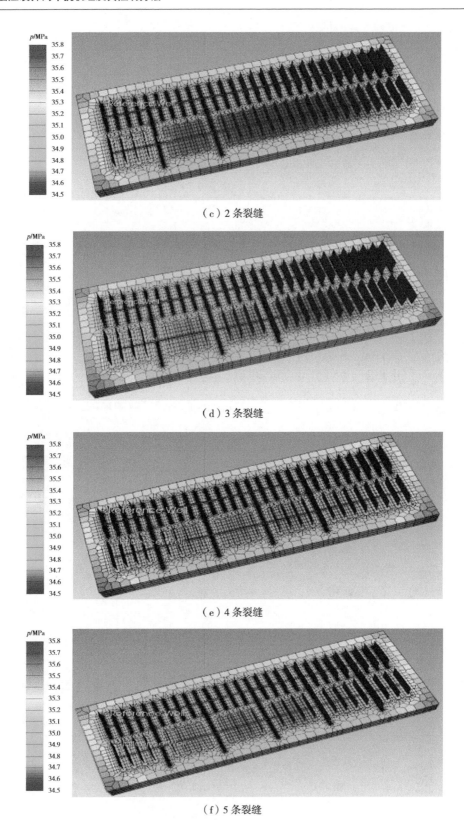

（c）2条裂缝

（d）3条裂缝

（e）4条裂缝

（f）5条裂缝

图2.25　井间干扰条件下压力分布（续）

响的幅度也在增大。压裂过程中存在明显井间干扰的情况，在生产过程中连通裂缝一旦闭合，这种井间压力的相互影响会逐渐降低，甚至随着时间的延长消失，体现为压裂井间干扰的时间效应。

5 口井均处于同一目的层位，纵向上的影响较小，因此，忽略了纵向井间干扰影响，仅考虑平面井间连通和干扰情况。图 2.26 所示，为不同裂缝连通情况下受干扰井产量的影响。当 2 口井间不存在裂缝沟通时，2 口井生产一段时间后的压力差异较大，随着井间裂缝沟通条数的增多，2 口井生产一定时间后的压力越接近，说明干扰越强；同时，随着井间连通裂缝条数的增加，受干扰井产量出现了逐渐增加的趋势，且增加幅度也表现出明显差异，压裂井间干扰给受干扰井产量带来的影响显著，说明这种干扰有利于被干扰井的生产。受干扰井与压裂井裂缝的沟通，可直接导致邻井基质动用，使得受干扰井产量增加；另一方面，压裂井处于压裂后的早期生产阶段，裂缝网络中充填的高压压裂液能够为受干扰井补充一定的能量。在压裂井和受干扰井协同作用下，最终导致受干扰井产量增加。

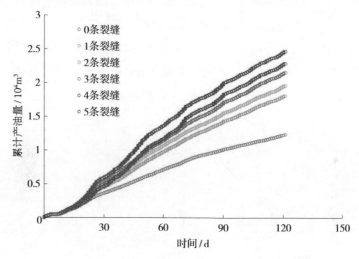

图 2.26　不同压裂井间干扰条件下受干扰井的产量

此外，随着已压裂井不断生产，储层中流体产出导致地层处于亏空状态。后压裂井形成的裂缝会受到邻井亏空地层"吸引"，使得裂缝过度扩展，进而沟通两井造成不利于生产的干扰，同时，伴随着后压裂井储层改造不充分。为解决此问题，可以在压裂前对先压裂井补能，改善地层应力状态，避免后压裂井裂缝过度扩展导致的裂缝强非均质分布，进而提高储层动用程度[24-26]。

压裂井间干扰条件下页岩油储层受干扰井排采可划分为闷井、返排、早期生产 3 个阶段，闷井阶段邻井压裂干扰降低了受干扰井裂缝网络中压力衰减速度，干扰对生产的影响程度取决于裂缝连通类型。随井间连通裂缝条数的增加，压裂井压力受到影响幅度也在增大，受干扰井虽然受到邻井干扰，但是生产过程中压力分布的变化没有压裂井显著；同时，压裂井间干扰具有典型的时间效应；随着井间连通裂缝条数的增加，受干扰井产量出现了逐渐增加的趋势，且增加幅度也表现出明显差异，压裂井间干扰的出现给受干扰井产量带来了正面影响。本文进行的数值模拟未考虑压裂井产量变化的情况，在后续研究中，将考虑压裂井间干扰存在时受干扰井和压裂井产量的变化。

2.5　井间压裂区域划分

压裂井间干扰以井间连通裂缝网络为主要介质传递井间压力，被干扰井的井口压力波动受井间裂缝网络的影响。由上述部分可知：干扰划分为压力沟通型、支撑裂缝沟通型和天然裂缝带沟通型，是以连通裂缝的类型进行划分，主要发生在两井裂缝交叉的区域。为方便进一步研究压裂期间干扰对两井的影响，将两井涉及的区域进行划分。压裂井和被干扰井之间的裂缝交叉区受干扰最严重，称为一级干扰区；一级干扰区与被干扰井井筒之间的区域为二级干扰区，不存在交叉裂缝，但是受压裂井压力影响较严重；与被干扰井二级干扰区对称的区域为三级干扰区，受较小程度的影响。实际上，一级干扰区交叉的裂缝网络是影响压裂井间干扰的关键，同时也是受干扰最严重的区域。二级干扰区和三级干扰区均会受到不同程度的压裂井间干扰。为方便研究压裂井裂缝扩展受邻井影响的规律，压裂井临近的区域可以分为近干扰裂缝扩展区和远干扰裂缝扩展区，平台压裂区域划分如图2.27 所示。

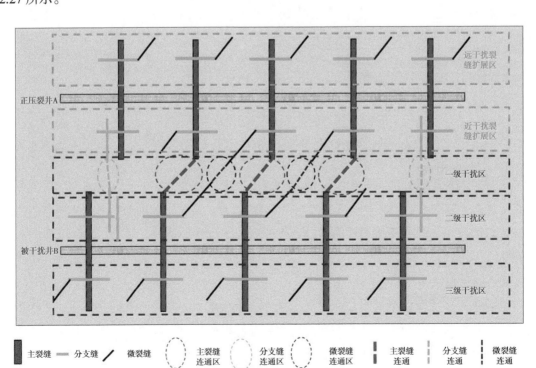

图 2.27　平台压裂区域划分

第3章　压裂井间干扰机理实验

压裂过程中被干扰井的井口压力上升，这与裂缝连通导致的井间压力沟通紧密相关，也是压裂井间干扰的核心机理。压力沟通发生于一级干扰区，依赖于包括微裂缝、支撑裂缝和天然断层在内的储层介质。认识压裂井间干扰形成机理是厘清压裂井间干扰规律的前提，是制定降低压裂井间干扰负面影响措施的基础。本章通过微裂缝连通实验、支撑裂缝的连通实验和支撑剂支撑裂缝的评价模型，分别研究不同类型裂缝的连通规律，旨在揭示压裂井间干扰形成机理。

3.1　微裂缝的连通性

3.1.1　实验目的

连通的裂缝对压裂井间干扰具有重要作用，井间干扰和连通区示意图如图 3.1 所示。井 –1 和井 –2 在较大井距 1 的情形下不存在井间干扰，井 –3 和井 –4 在较小井距 2 的情形下通过连通区形成井间干扰。连通区通常是多裂缝的连通，单一粗糙裂缝是组成多裂缝的基本单元，是研究裂缝网络连通的基础。本节在表征微裂缝粗糙特性的基础上，采用理论分析和室内实验的方法，研究了微裂缝的连通特征及影响因素，对揭示压裂干扰机理、评价微裂缝沟通对生产的影响具有指导作用。

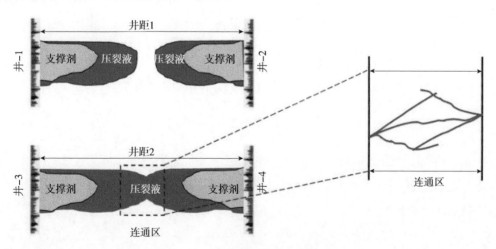

图 3.1　井间干扰和连通区示意图

3.1.2 模型建立

为掌握微裂缝连通性规律，建立了粗糙裂缝物理模型，如图 3.2 所示。上游压力、体积、流量分别记为 p_1、V_1、Q_1，下游压力、体积、流量分别记为 p_2、V_2、Q_2，上游流体经围压 σ 的含裂隙岩样 S 流入下游，假设条件如下：

（1）流体的流动处于稳定状态；

（2）流经裂缝的流体为均匀的单相介质；

（3）流体与岩石不发生物理反应、化学反应和物理化学反应。

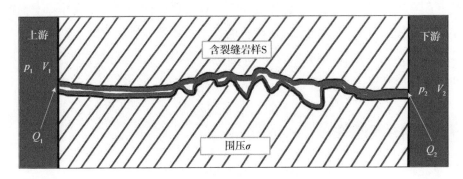

图 3.2 粗糙裂缝物理模型

用 Navier–Stokes 方程在多孔介质中流动的性质得到流体动量方程[147]，见式（3.1）：

$$J = \frac{\mu}{k\rho_w g} V + \frac{b}{g} V^2 + \frac{1}{ng} \frac{\partial v}{\partial t} \tag{3.1}$$

式中：n 为孔隙度；J 为水力梯度；V 为渗透流速；μ 为水的动力黏度；g 为重力加速度；ρ_w 为水的密度；k 为多孔介质的渗透率；b 为大于 0 的系数，与孔隙特征有关。流体的连续性方程见式（3.2）：

$$\frac{\rho w g k}{\mu} \frac{\partial^2 H}{\partial z^2} = \rho_w g (n\beta_w + \beta_r) \frac{\partial H}{\partial t} \tag{3.2}$$

式中：z 为下游到上游方向的直线距离；β_w 为水压缩系数；β_r 是岩石有效应力下的骨架压缩系数；H 是水头。经验表明，式（3.2）可以简化为下面的连续性方程：

$$\frac{\partial p}{\partial z} = -\frac{p_1 - p_2}{L} = -\frac{\Delta p}{L} \ (0 \leqslant z \leqslant L) \tag{3.3}$$

式中：Δp 为压差，且 $\Delta p = p_2 - p_1$。此时，式（3.2）等价处理为等梯度的连续性方程。实验过程是先让 p_1 和 p_2 处于平衡状态，关闭上游进液阀形成上游定容下游定压的状态，初始条件和边界条件分别为：

$$\begin{cases} p(z<L,t=0)=p_{10} \\ p(z=L,t=0)=p_{20} \end{cases} \tag{3.4}$$

$$\begin{cases} \dfrac{kA}{\mu}\dfrac{\partial p}{\partial z}\Big|_{z=0}=C_1\dfrac{\partial p_1}{\partial t} \\ p_2(t>0)=p_{20} \end{cases} \tag{3.5}$$

综合式（3.3）、式（3.4）和式（3.5）联立求解，得到式（3.6）：

$$\Delta p(t)=p_1-p_2=\Delta p_0\exp\left(\dfrac{kA}{\mu LC_1}t\right) \tag{3.6}$$

3.1.3　实验过程

本节采用准噶尔盆地芦草沟组页岩油样品，取心深度2850m；鄂尔多斯盆地延长组致密油样品，取心深度1875m；四川盆地龙马溪组页岩样品，取心深度为2520m；松辽盆地营城组火山岩样品，取心深度2470m，编号分别为L、Y、M、C，地层信息见表3.1，样品如图3.3所示，样品分别为直径2.5cm、3.8cm、5.0cm的圆柱体。

表3.1　地层信息

编号	盆地	地层	岩性	深度/m
L	准噶尔盆地	芦草沟组	页岩	2850
Y	鄂尔多斯盆地	延长组	致密砂岩	1875
M	四川盆地	龙马溪组	页岩	2520
C	松辽盆地	营城组	致密火山岩	2470

图3.3　实验样品

液体包括蒸馏水、质量分数为0.2%和0.5%的胍胶液，其黏度分别为1mPa·s、10mPa·s、30mPa·s。样品全岩矿物和黏土矿物分布见表3.2，L样品以石英、长石为主，含有一定量的白云石和较少的黏土矿物；Y样品以石英为主，含有一定量的长石、方解石和白云石，约含有15%的黏土矿物；M样品石英占40%，黏土矿物占37%；C样品以石英、长石为主，黏土矿物占 8%。因此，M 样品黏土矿物含量最高，L 样品和 C 样品黏土矿物含量最低，Y 样品黏土矿物含量中等。黏土矿物含量越高，压裂液进入储层后与岩石相互作用的强度程度越剧烈，将会导致岩石表面力学特性、流体的流动通道、甚至微观孔隙等发生一系列物理化学性质的变化。实验样品的长度以 5cm 为主，L、Y、M、C 样品的平均孔隙度分别为 7%、14%、4%、9%，平均渗透率分别为 0.01 mD、0.015mD、0.002mD、0.006mD，样品基础参数及对应使用的液体类型见表 3.3。

表 3.2　全岩矿物和黏土矿物

编号	矿物含量/%					黏土矿物含量/%				
	石英	长石	方解石	白云石	黏土	伊利石	蒙脱石	I/S混层	绿泥石	高岭石
L	23.7	56.5	0	13.1	6.7	21.0	0	0	55.0	24.0
Y	70.5	9.2	1.6	3.9	14.8	33.0	0	43.0	20.0	4.0
M	40.3	8.8	7.5	6.5	36.9	15.9	4.3	62.3	8.7	8.8
C	36.8	48.8	6.0	0	8.4	14.0	0	44.0	42.0	0

表 3.3　样品参数及液体类型

序号	直径/cm	长度/cm	渗透率/mD	孔隙度/%	液体类型
L-1	2.5	5.0	0.0012	7.2	蒸馏水
L-2	2.5	5.0	0.0018	6.8	蒸馏水/滑溜水
Y-1	2.5	5.0	0.011	13.1	蒸馏水
Y-2	2.5	10.0	0.025	12.7	蒸馏水/滑溜水
Y-3	2.5	5.0	0.017	15.3	蒸馏水
Y-4	3.8	5.0	0.016	13.9	蒸馏水
Y-5	5.0	5.0	0.022	14.5	蒸馏水
M-1	2.5	5.0	0.0011	3.2	蒸馏水
M-2	2.5	5.0	0.0018	5.1	蒸馏水
M-3	2.5	5.0	0.0032	4.9	蒸馏水
M-4	3.8	5.0	0.0025	5.7	蒸馏水
M-5	5.0	5.0	0.0021	4.1	蒸馏水
C-1	2.5	5.0	0.0072	10.2	蒸馏水
C-2	2.5	5.0	0.0081	9.7	蒸馏水
C-3	2.5	5.0	0.0055	8.6	蒸馏水

流体在压力泵驱动下，由上游容器流经具有一定开度的裂缝进入下游容器，实验装置如图 3.4 所示。岩心夹持器两端分别装有高精度压力传感器（PA–33X），量程为 0 ~ 100MPa，常温下测量精度为 0.05%，输出信号采用 RS485 端口采集，控制精度在常温下为 0.05%，可实现数据自动实时采集。激光显微镜（VK–X250K）和元素分布测试仪（M4）实物图分别如图 3.5（a）和图 3.5（b）所示。VK–X250K 高度测量的分辨率为 5nm、宽度测量的分辨率为 10nm，载物台在水平面上的运行范围为 100mm×100mm，能满足岩石表面形貌在微米或厘米级别的测试要求。M4 一次性扫描样品尺寸 190mm×160mm×120mm，载物台最大承重 5kg，可用单点、多点、线扫描和面扫描。

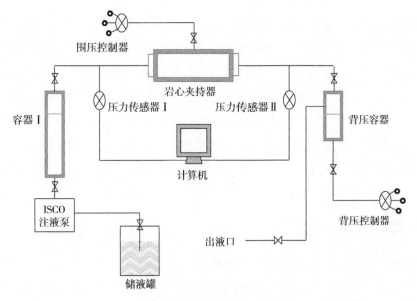

图 3.4　裂缝连通装置示意图

（a）激光显微镜

图 3.5　实验仪器

（b）元素分布测试仪

图 3.5　实验仪器（续）

实验前记录样品物理参数，同时对缝面粗糙度进行表征以便进行影响因素分析；其次，获得稳定注入阶段的流量以计算裂缝开度及其渗透率；最后，通过上游定容下游定压的方式获得压力降落的特点，得到裂缝连通性的规律，采用相关参数评价裂缝的连通特性。针对上述实验方法，采取以下实验步骤：（1）岩心装入夹持器，围压和下游压力分别调节至设定值；（2）开启压力传感器，打开泵入系统，以设定压力向岩心裂缝中泵入液体，流量稳定后记录此时的流量，计算得到裂缝开度及其渗透率；（3）关闭上游液体泵入阀门，上游压力经裂缝逐步衰减，记录衰减压力随时间的变化；（4）重复上述过程，改变裂缝的粗糙特性、开度、液体的性质和样品的尺度等因素，开展不同因素下裂缝连通性的研究。

3.1.4　实验结果

本小节从缝面的元素分布、缝面的粗糙特性、压力的演化特征和影响单一粗糙裂缝的因素四个方面阐述了实验结果。单一粗糙裂缝的影响因素包括裂缝开度、缝面粗糙特性、接触面积、岩心长度和液体的性质。

（1）缝面元素分布。

以芦草沟组页岩、龙马溪组页岩和营城组火山岩为代表，样品沿轴线劈裂。经 M4 扫描获得断裂面元素的分布，进而得到缝面主要矿物的展布，为分析压裂液与缝面的相互作用和裂缝的长期连通性做准备，元素分布如图 3.6 所示。铝元素主要是硅铝酸盐，矿物为长石、伊利石、蒙脱石和高岭石；钙元素主要是碳酸盐，矿物为方解石、白云石、长石和蒙脱石；铁元素主要是硅铝酸盐，对应的矿物为绿泥石；钾元素主要是硅铝酸盐，对应的矿物为长石；镁元素主要是硅铝酸盐，对应的矿物以蒙脱石为主；钠元素主要是硅铝酸盐，矿物以长石、蒙脱石为主；硅元素主要是硅铝酸盐，矿物为石英、长石、伊利石和蒙脱石。芦草沟组缝面脆性矿物以长石为主，黏土矿物以绿泥石为主；龙马溪组缝面脆性矿物以石英为主，黏土矿物以伊利石为主；营城组缝面脆性矿物以石英、长石为主，黏土矿物以蒙脱石为主。压裂液进入储层后，容易与吸胀性黏土矿物含量较高的样品缝面相互作用，长期会对裂缝连通性造成一定程度的影响。对比来看，龙马溪组样品缝面长期水岩作用受到影响较大。

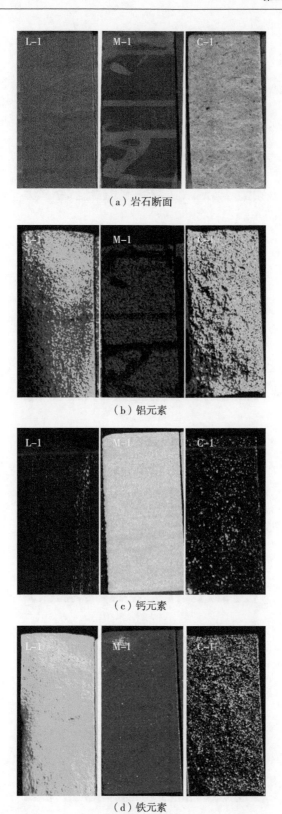

（a）岩石断面

（b）铝元素

（c）钙元素

（d）铁元素

图 3.6　缝面元素分布图

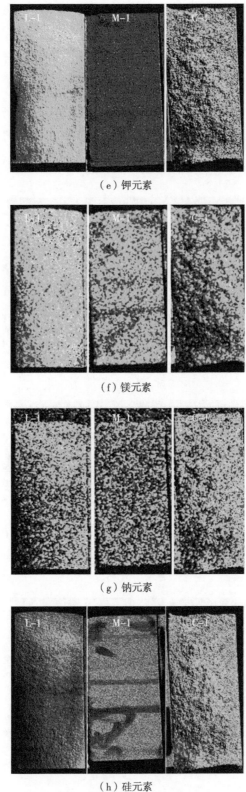

（e）钾元素

（f）镁元素

（g）钠元素

（h）硅元素

图3.6 缝面元素分布图（续）

（2）缝面粗糙特性。

缝面粗糙特性主要指局部缝面粗糙度，图 3.7 是缝面局部粗糙度的三维立体图。为了定量描述缝面粗糙特性，采用 S_a 和 S_z 两个参数表征，其中，S_a 是算术平均高度，为距表面平均面的高度的绝对值的算术平均。S_z 是最大高度，为距表面平均面的高度最大值的绝对值。

（a）L-1

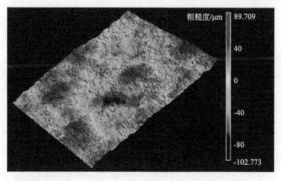

（b）L-2

（c）Y-3

图 3.7　局部缝面粗糙度立体图

（d）Y-4

（e）Y-5

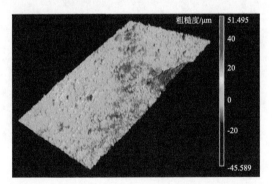

（f）M-1

（g）M-2

图 3.7　局部缝面粗糙度立体图（续）

（h）M-3

（i）M-4

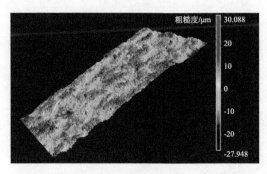

（j）M-5

（k）C-1

图 3.7　局部缝面粗糙度立体图（续）

图 3.8（a）表示每个样品的算术平均高度，图 3.8（b）表示每个样品的最大高度。芦草沟组样品和延长组样品的局部缝面粗糙度差异较小，龙马溪组样品局部缝面粗糙度最小，营城组样品局部缝面粗糙度最大。

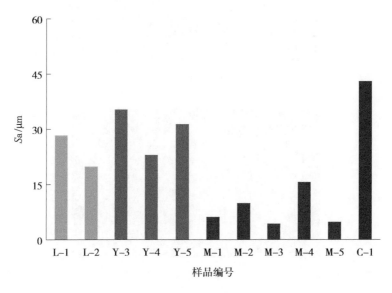

（a）算术平均高度

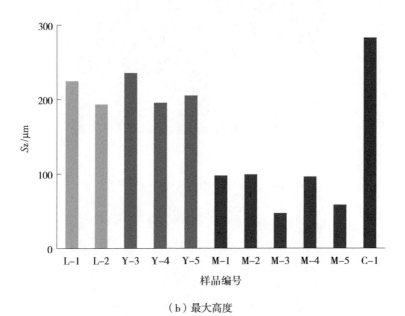

（b）最大高度

图 3.8 局部缝面粗糙度定量表征参数

（3）压力演化特征。

不同样品的压力演化特征如图 3.9 所示，压力随时间的增加逐渐降落，实验样品采用的注入压力均为 3MPa。L–1 和 L–2 样品施加的围压为 4 ~ 6MPa，Y–1 和 Y–2 样品施加的围压为 4 ~ 6MPa 和 8 ~ 10MPa，Y–3 样品施加的围压为 4 ~ 6MPa 和 15MPa，Y–4 样品施加围压为 4 ~ 6MPa，Y–5 样品施加的围压为 18MPa、20MPa 和 22MPa，M–1 样品施加的围压为 5 ~ 10MPa 和 12MPa，M–2 样品施加的围压为 4 ~ 6MPa 和 8MPa，M–3、M–4、M–5 样品施加围压为 4 ~ 6MPa，C–1 样品施加的围压为 4 ~ 9MPa。Y–1、Y–2、Y–3、Y–5、M–1、M–2、C–1 样品开展了高围压和低围压下压力降落规律的对比实验，压力降落的速度和降落所需的时间不同，围压较低对应的裂缝开度较大，压力迅速降落，连通性较好。随着围压的增加，裂缝开度降低，压力降落的速度放缓，并逐渐向线性降落方式靠近，裂缝连通性变差，压裂降落的速度越快，表明裂缝的连通性越好。

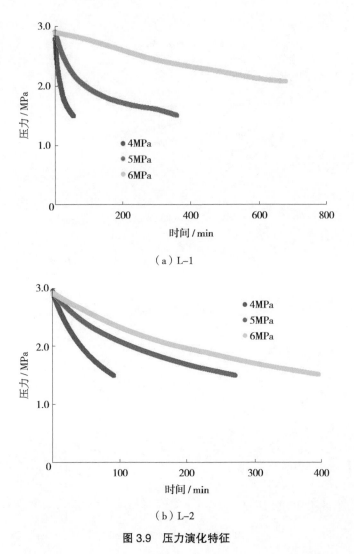

（a）L–1

（b）L–2

图 3.9　压力演化特征

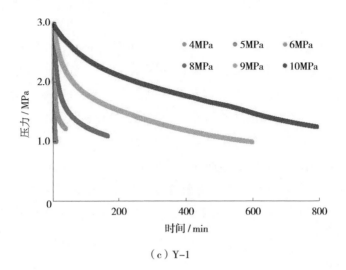

（c）Y-1

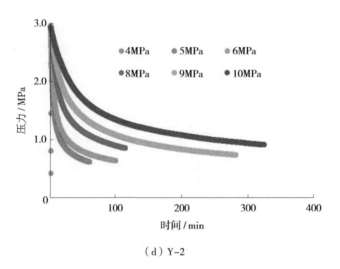

（d）Y-2

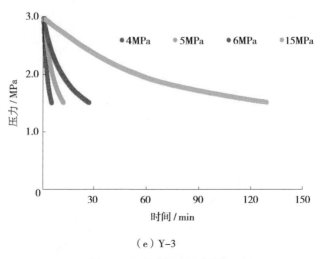

（e）Y-3

图 3.9　压力演化特征（续）

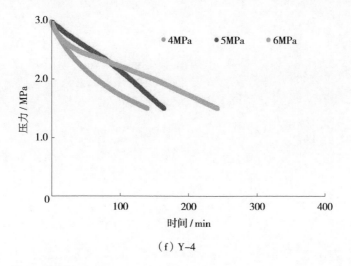

（f）Y-4

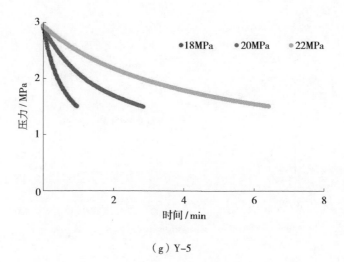

（g）Y-5

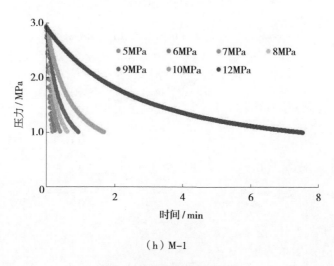

（h）M-1

图 3.9　压力演化特征（续）

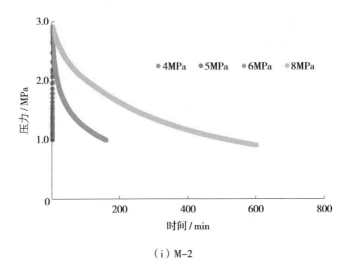

（i）M-2

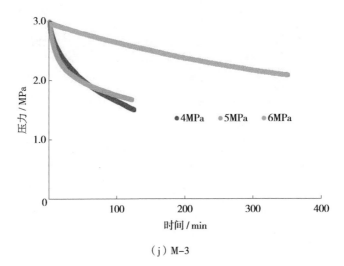

（j）M-3

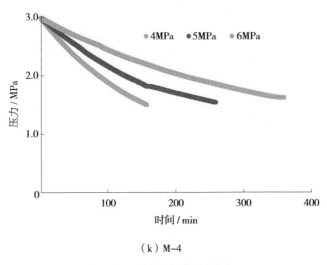

（k）M-4

图 3.9　压力演化特征（续）

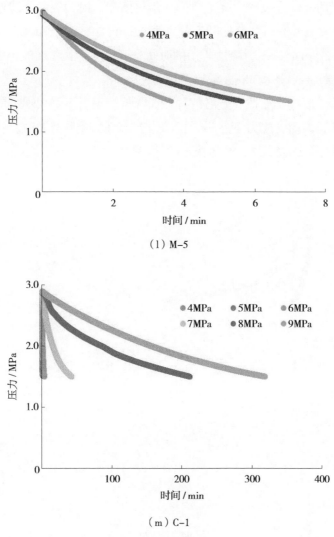

（1）M-5

（m）C-1

图 3.9　压力演化特征（续）

（4）影响单一粗糙裂缝的因素分析。

裂缝开度受地应力条件控制，缝面粗糙度是岩石固有的属性，接触面积与裂缝的闭合紧密相关，压裂液的性质对压力传递也有影响，因此，对裂缝开度、缝面粗糙度、接触面积、压裂液性质展开单因素分析，以获得影响裂缝连通性的规律。

①裂缝开度。

以 L-1 和 Y-3 样品为例，开展裂缝开度对连通性的影响分析，随着裂缝开度的降低，压力降落所需要的时间增加，连通性下降，围压对裂缝连通性的影响如图 3.10 所示。当 L-1 样品裂缝的开度为 27μm、23μm、20μm 时，随着裂缝开度的下降，压力从 3MPa 降落为 1.5MPa 所用的时间明显增加。裂缝开度为 27μm，压力降落所需时间约为 80min，裂缝开度为 23μm，压力降落所需时间约为 380min，裂缝开度为 20μm，压力降落所需时间超过

800min。裂缝开度的降低导致压力降落时间成倍得增加，说明裂缝连通性随裂缝开度的降低急剧下降。Y-3 样品实验时裂缝的开度分别为 32μm、29μm、27μm、24μm，当裂缝开度为 32μm、29μm、27μm 时，压力降落所用的时间有所增加，且增加的幅度较为缓和；裂缝开度降低到 24μm 时，时间由 30min 增加至超过 120min，高闭合应力下，裂缝开度下降导致连通性显著降低。裂缝连通性随开度的降低而降低，现场主要表现为随闭合应力的增加裂缝的连通性降低，高闭合应力下井间干扰的程度会有所降低。同时，开度较接近的情况下，裂缝连通性差异会比较明显，受缝面形貌的控制。

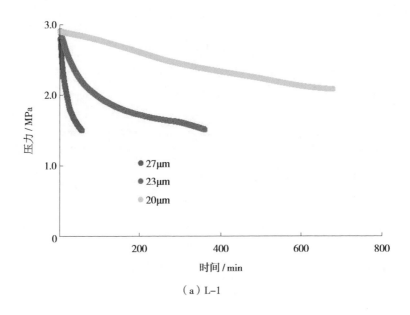

（a）L-1

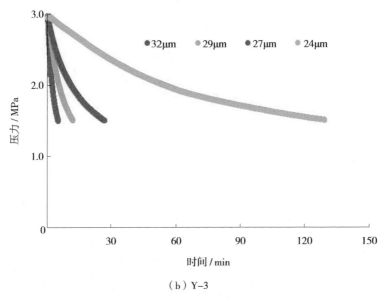

（b）Y-3

图 3.10　围压对裂缝连通性的影响

②缝面粗糙特性。

由裂缝粗糙特性的结果可知，C–1 和 Y–3 样品裂缝面的局部粗糙度较大，其次是 M–3、L–1 和 L–2 的粗糙度较小。粗糙度对裂缝连通性影响如图 3.11 所示，3MPa 注入压力、5MPa 围压下，C–1 和 Y–3 压力降落的速率明显快于其他样品，M–3 处于中间位置，L–1 和 L–2 降落的速度明显较慢。C–1 和 Y–3 样品压力由 3MPa 衰减为 1.5MPa 的时间在 20min 内，M–3 约为 120min，L–1 和 L–2 接近 300min。由此可知，C–1 和 Y–3 的裂缝连通性最好，其次为 M–3，L–1 和 L–2 裂缝的连通性较差。粗糙度越高，裂缝的连通性越好。吉林致密火山岩和长庆致密砂岩缝面粗糙度对于裂缝连通性的贡献优于涪陵龙马溪页岩，明显好于芦草沟组页岩。较高的缝面粗糙度和较大的剪切滑移距离，导致裂缝的连通性更好。

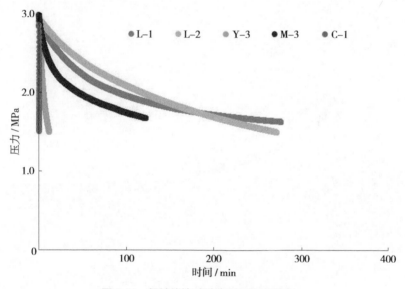

图 3.11 粗糙特性对裂缝连通性的影响

③接触面积。

采用长度为 50mm，直径分别为 25mm、38mm、50mm 的延长组致密砂岩、龙马溪组页岩开展接触面积对裂缝连通性的影响分析。接触面积增加，压力降落所需时间降低，导致裂缝连通性的提高，接触面积对裂缝连通性的影响如图 3.12 所示，Y–# 为延长组致密砂岩，M–# 为龙马溪组页岩。由图 3.12（a）可知，50mm 和 38mm 直径的延长组致密砂岩压力降落迅速，不足 20min 内压力由 3MPa 降落至 1.5MPa，25mm 直径的样品则需要 140min；由图 3.12（b）可知，50mm 直径的页岩的压力由 3MPa 降落至 1.5MPa 需要 20min，38mm 直径需要 130min，25mm 直径的则需要 160min。压裂过程中裂缝连通的面积较大，则压力沟通造成的影响越大。接触面积越宽，流道越多，从而导致此现象。压裂设计时，适当控制裂缝的闭合接触，避免干扰裂缝的大面积连片串扰，可降低干扰的负面影响。

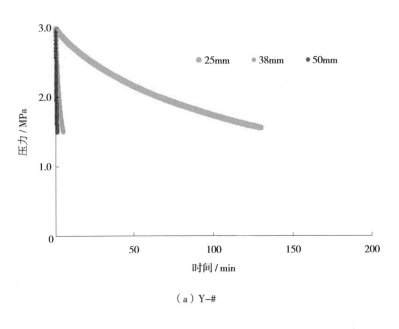

（a）Y-#

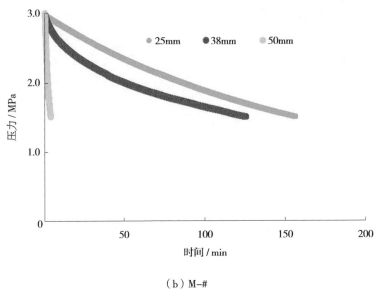

（b）M-#

图 3.12　接触面积对裂缝连通性的影响

④液体性质。

Y-1 和 C-1 样品采用黏度分别为 1mPa·s、10mPa·s 和 30mPa·s 的液体进行了不同黏度对裂缝连通性的影响实验。随着黏度的增加，压力衰落的时间急剧增加，表明了裂缝连通性的迅速变差，液体性质对裂缝连通性的影响如图 3.13 所示。针对 Y-1 样品，黏度为 1mPa·s 和 10mPa·s 的液体的压力衰落时间在 500min 内，黏度增加到 30mPa·s，压力衰落的时间超过了 2000min。同样，对于 C-1 样品压力的衰落，使用较低黏度（1mPa·s 和 10mPa·s）的压裂液时很快，高黏度（30mPa·s）时衰落非常慢。随着压裂液黏度的增加，液体黏滞力显著增加，同时，液体与裂缝壁面的摩擦作用显著增加，这些因素均能导致上述现象。大规模体积压裂采用较多的滑溜水压裂液，滑溜水的黏度和摩阻较低，导致对裂缝连通性的影响较大。建议在容易产生串扰的层段，设计压裂用液体的黏度时，充分考虑压裂液的黏度在裂缝连通性方面的作用，降低压裂过程中压裂的串扰对邻井压力的影响。

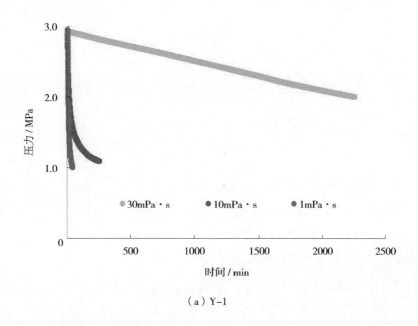

（a）Y-1

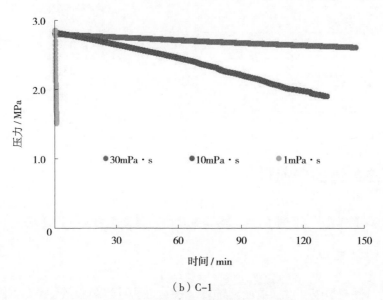

（b）C-1

图 3.13 液体性质对裂缝连通性的影响

（5）连通评价。

影响压力降落的因素包括裂缝开度、缝面粗糙特性、裂缝接触面积、裂缝的长度和液体的性质等。采用达到半衰期压力时间表征微裂缝的连通性，结合实验中获得的参数评价微裂缝的连通性，由式（3.6）可知：

$$\nabla t = \frac{\mu \cdot L \cdot C_1}{A \cdot K} \cdot \ln \frac{\Delta P_t}{\Delta P_{t+\Delta t}}$$ （3.7）

其中：

$$C_1 = \frac{d(\rho_w V_1)}{\rho_w d p_1} = \frac{d V_1}{d p_1}$$ （3.8）

$$k_f = 10^3 \frac{w_f^2}{12}$$ （3.9）

$$w_f = \sqrt[3]{30\pi d(k_{effective} - k_m)}$$ （3.10）

由式（3.7）计算半衰期时间得到表 3.4，针对 L-1、L-2、Y-3、M-3、C-1 五组样品计算得到半衰期时间分别为 230min、220min、15min、110min、20min，与图 3.11 实验得到的半衰期时间具有一致性。对于裂缝的连通性，Y-3 和 C-1 最好，Y-3 次之，L-1 和 L-2 连通性较差，通过半衰期能够定量描述裂缝连通性的差异。

表 3.4　裂缝连通性评价

样品编号	流量/（mL/min）	注入压力/MPa	出口压力/MPa	液体类型	半衰期时间/min
L-1	0.0035	3	1	蒸馏水	230
L-2	0.04	3	1	蒸馏水	220
Y-3	0.5	3	1	蒸馏水	15
M-3	0.08	3	1	蒸馏水	110
C-1	0.3	3	1	蒸馏水	20

3.2　自支撑裂缝的连通性

在掌握微裂缝连通规律的基础上，本节重点研究自支撑裂缝的连通规律。

3.2.1　实验目的

微裂缝连通性与裂缝开度、缝面粗糙度、接触面积、压裂液的性质等相关，自支撑裂缝的连通性受支撑条件和支撑方式的影响较大，且由自支撑裂缝导致的压裂干扰程度较剧烈，因此，掌握自支撑裂缝的连通规律才能全面认识裂缝连通性作为压裂井间干扰机理的本质。

3.2.2 模型建立

岩石孔隙的压缩与孔隙压力 p_p 和施加的有效应力 σ_c 密切相关[148, 149]，通常孔隙的压缩系数 c_p 定义为：

$$c_p = \frac{1}{V_p}\left(\frac{\mathrm{d}V_p}{\mathrm{d}p_p}\right)\sigma_c \tag{3.11}$$

式中：V_p 为岩石的孔隙体积。裂缝越易压缩，连通性变化越快。

与岩石孔隙压缩系数类似，定义裂缝的动态连通系数 M_f：

$$M_f = \frac{1}{V_f}\frac{\mathrm{d}V_f}{\mathrm{d}\sigma_e} \tag{3.12}$$

式中：σ_e 为有效应力；V_f 为裂缝的体积，可由裂缝和基质的交互面积 A_f、裂缝的平均开度 w_f 和裂缝的平均孔隙度获得，见式（3-13）：

$$V_f = A_f W_f \varphi_f \tag{3.13}$$

将式（3.13）代入到式（3.12），得到式（3.14），可知裂缝的连通变化由有效应力影响的孔隙度变化和开度变化共同确定。

$$M_f = \frac{1}{A_f w_f \varphi_f}\frac{\mathrm{d}(A_f w_f \varphi_f)}{\mathrm{d}\sigma_e} = -\frac{1}{\varphi_f}\frac{\mathrm{d}\varphi_f}{\mathrm{d}\sigma_e} - \frac{1}{w_f}\frac{\mathrm{d}w_f}{\mathrm{d}\sigma_e} \tag{3.14}$$

裂缝的渗透率和连通性满足下述方程式，k_f 和 k_{f0} 分别代表压力 p 和 p_0 下的渗透率，$\overline{M}_f$ 是压力由 p_0 到 p 范围下裂缝的平均连通变化系数。

$$\frac{k_f}{k_{f0}} = \mathrm{e}^{-3\overline{M}_f(p-p_0)} \tag{3.15}$$

不同应力条件下导流能力的比值见式（3.16）：

$$\frac{F_c}{F_{c0}} = \frac{k_f}{k_{f0}}\frac{w_f}{w_{f0}} = \mathrm{e}^{-3\overline{M}_f(p-p_0)} \times \frac{w_f}{w_{f0}} \tag{3.16}$$

F_c 和 F_{c0} 分别为压力 p 和 p_0 下裂缝的导流能力，将式（3.16）取对数所得：

$$\ln\left(\frac{F_c}{F_{c0}}\right) = -3\overline{M}_f(p-p_0) + \ln\left(\frac{w_f}{w_{f0}}\right) \tag{3.17}$$

由此可得出，$\ln\left(\dfrac{F_c}{F_{c0}}\right)$ 与（$p-p_0$）在直角坐标系中的斜率即为 $-3\overline{M_f}$，可以得到裂缝的连通变化系数，对应自支撑裂缝的连通性变化。

3.2.3 实验过程

实验采用井下全直径（d=10cm）岩心加工成 API 标准导流岩板。实验所用的液体为滑溜水（0.1% 质量分数的瓜尔胶液），室温下测得的黏度为 2mPa·s。进行导流能力测试的实验装置如图 3.14 所示，主要由操控中心、控制面板、导流室三部分组成。操控中心是安装有压力泵、天平等自动数据采集软件的计算机，用于采集实验数据和设置实验参数；控制面板汇集了管线的控制阀门，用于人工控制阀门的启闭；导流室用于安装实验岩板，同时与压机配合提供足够的闭合压力。设备可模拟最高温度 177℃，最大闭合压力 137MPa，提供液体最大注入速度 50mL/min，测试符合标准 NB/T 14023—2017《页岩支撑剂充填层长期导流能力测定推荐方法》。将加工好的标准岩板装入岩心导流室，以达西公式为基础理论计算裂缝的导流能力。

（a）控制面板　　　　　　　　（b）导流室　　　　　　　　（c）岩板

图 3.14　导流能力测试系统 FCS-842 和岩板

导流能力测试步骤如下：（1）将全直径岩心加工成厚度为 5cm 的 API 标准岩板，沿侧面中线进行劈缝，然后对缝面进行表征；（2）将岩心装入导流室，设置自支撑或支撑剂支撑，连接好进液管线后校准缝宽监测位移传感器；（3）打开控制面板，操控中心调整闭合压力、注入流量、实验温度等参数，启动程序测试；（4）搜集数据，进行标准化数据处理，得到不同支撑类型裂缝的导流能力。

3.2.4 实验结果

自支撑裂缝的流动通道是岩石错位支撑形成的,其导流能力如图3.15所示,主要受岩石强度、缝面粗糙特性、裂缝迂曲度和接触面积大小的影响。火山岩A、火山岩B、火山岩C具有较高的错位支撑导流能力。页岩A处于最低的裂缝导流能力,随闭合压力的增加,裂缝导流能力的下降幅度较小,砾岩A和砾岩B初始裂缝导流能力较强,但是随着裂缝闭合应力的增加,导流能力下降速度快。

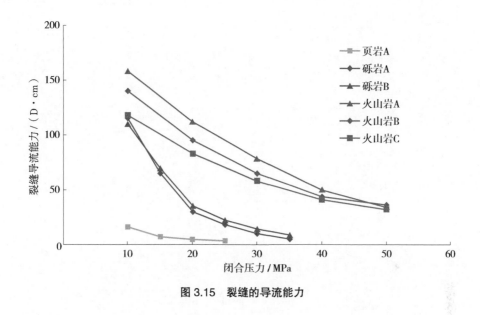

图 3.15 裂缝的导流能力

根据式(3.22),在直角坐标系中作 $\ln\left(\dfrac{F_c}{F_{c0}}\right)$ 与 $(p-p_0)$ 关系图得到曲线斜率(图3.16),进而得到自支撑裂缝连通性变化系数,自支撑裂缝连通变化系数如图3.17所示。页岩A、砾岩A、砾岩B、火山岩A、火山岩B、火山岩C的连通变化系数分别为0.033、0.042、0.041、0.013、0.012、0.011,由此可知,页岩A、砾岩A、砾岩B的裂缝连通性变化要比火山岩A、火山岩B、火山岩C的裂缝连通性变化快,意味着同等条件下,火山岩A、火山岩B、火山岩C的裂缝连通性较好,且更容易保持。若裂缝的初始连通性好,且连通变化系数小,在复杂应力条件下连通性易保持。页岩自支撑裂缝的初始导流能力较差,但是变化较小,一旦产生井间干扰,对长期生产的影响更大。砾岩自支撑裂缝导致的井间连通较好,但是由于裂缝闭合得更快,对井间干扰产生的影响将会在后期降低。火山岩自支撑裂缝导致的井间连通会对井间干扰产生较为严重的干扰。

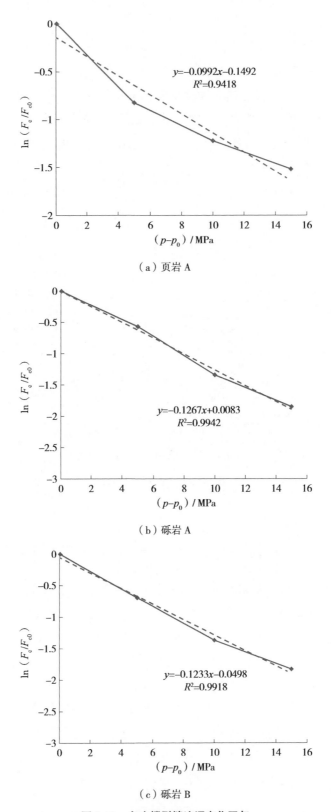

（a）页岩 A

（b）砾岩 A

（c）砾岩 B

图 3.16　自支撑裂缝连通变化回归

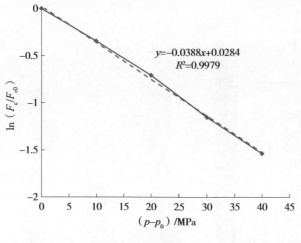

（d）火山岩 A

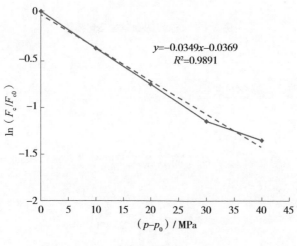

（e）火山岩 B

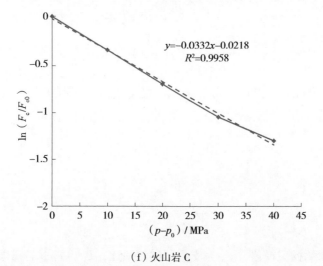

（f）火山岩 C

图 3.16 自支撑裂缝连通变化回归（续）

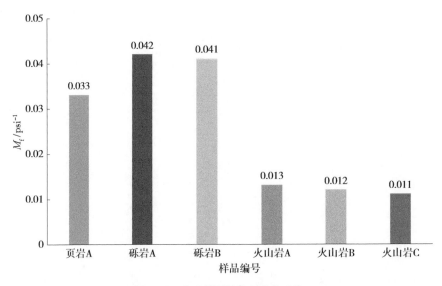

图 3.17　自支撑裂缝连通变化系数

3.3　支撑剂支撑裂缝的连通性

3.3.1　计算模型

针对支撑剂支撑裂缝，支撑剂在缝面的嵌入深度为 δ，半径为 R 的支撑剂单层铺置时，缝宽 w_f 的表达式见式（3.18）[149, 150]：

$$w_f = w_{fi} - 2\delta = 2R - 2\delta \tag{3.18}$$

上述方程假设支撑剂的嵌入为弹性变形过程，大量压裂液滞留于地层中，考虑缝面大量渗吸滞留压裂液引起强度弱化，进一步嵌入的深度为 S，因此，上述方程可变为：

$$w_f = w_{fi} - 2(\delta + s) = 2R - 2\delta - 2S \tag{3.19}$$

由赫兹接触理论可知，弹性变形的嵌入深度与支撑剂半径 R、有效应力 σ_e，以及岩石综合杨氏模量 E^* 确定[151]，其表达式见式（3.20）和式（3.21）：

$$\delta = R\left(\frac{3\sigma_e}{E^*}\right)^{\frac{2}{3}} \tag{3.20}$$

$$\frac{1}{E^*} = \frac{1 - v_{pp}^2}{E_{pp}} + \frac{1 - v_r^2}{E_r} \tag{3.21}$$

式中：E_{pp} 为支撑剂的杨氏模量；v_{pp} 为支撑剂的泊松比；E_r 为岩石的杨氏模量；v_r 为岩石的泊松比。将式（3.20）代入式（3.19）可得：

$$w_f = 2R - 2R\left(\frac{3\sigma_e}{E^*}\right)^{\frac{2}{3}} - 2S \tag{3.22}$$

考虑渗吸导致支撑剂嵌入裂缝开度以及孔隙度的公式见式（3.23）和式（3.24）：

$$-\frac{1}{w_f}\frac{dw_f}{d\sigma_e} = \frac{2}{\left[R - R\left(\frac{3\sigma_e}{E^*}\right)^{\frac{2}{3}} - s\right]E^*}\left(\frac{3\sigma_e}{E^*}\right)^{-\frac{1}{3}} \tag{3.23}$$

$$-\frac{1}{\varphi_f}\frac{d\varphi_f}{d\sigma_e} = \frac{2C_0}{\sigma_e}\frac{\left(\frac{\sigma_e}{E_0}\right)^{\frac{2}{3}}}{1 - C_0\left(\frac{\sigma_e}{E_0}\right)^{\frac{2}{3}}} \tag{3.24}$$

式中：C_0 为支撑剂的充填形式。考虑渗吸导致支撑剂嵌入的裂缝连通变化公式：

$$M_f = \frac{2}{\left[R - R\left(\frac{3\sigma_e}{E^*}\right)^{\frac{2}{3}} - s\right]E^*}\left(\frac{3\sigma_e}{E^*}\right)^{-\frac{1}{3}} + \frac{2C_0}{\sigma_e}\frac{\left(\frac{\sigma_e}{E_0}\right)^{\frac{2}{3}}}{1 - C_0\left(\frac{\sigma_e}{E_0}\right)^{\frac{2}{3}}} \tag{3.25}$$

3.3.2　模型结果

压裂过程中注入大量压裂液，裂缝网络以及近缝面基质是压裂液滞留的主要空间。近缝面基质渗吸导致岩石表面弱化，降低岩石的强度使得支撑剂嵌入，如图 3.18 所示，分别为火山岩支撑剂嵌入和含气页岩支撑剂嵌入情况。因此，支撑剂支撑裂缝的开度降低，连通性受到相应损失。

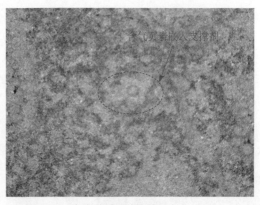

（a）火山岩支撑剂嵌入　　　　　　　　　　　（b）涪陵页岩支撑剂嵌入

图 3.18　支撑剂嵌入图

考虑近缝面岩石渗吸导致岩石弱化支撑剂嵌入，推导公式见式（3.25），根据上式代入火山岩、含气页岩和含油页岩的岩石力学和支撑剂相关参数得到支撑剂支撑裂缝连通变化（图 3.19）。可以看出，随着闭合应力的增加，支撑剂支撑裂缝连通性降低。火山岩、含气页岩和含油页岩连通性系数变化程度一次加剧，意味着火山岩裂缝的连通性能够较好地维持，其次为含气页岩和含油页岩。模型中采用同一种支撑剂，岩石力学性质的不同导致裂缝连通性变化的差异。

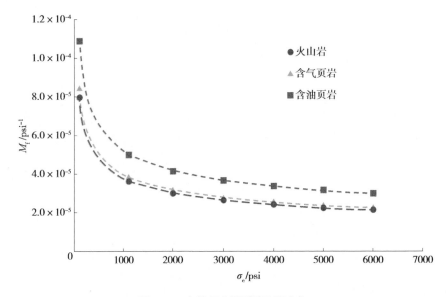

图 3.19　支撑剂支撑裂缝连通变化

3.3.3　影响因素

为进一步研究支撑剂支撑裂缝连通性变化的规律，采用式（3.25）分别对渗吸嵌入、岩石的强度、支撑剂的强度和支撑剂充填形式进行单因素研究，如图 3.20 所示。如图 3.20（a）所示，嵌入深度分别为 0、0.1mm、0.15mm，随嵌入深度的增加，支撑裂缝连通的变化越大。当渗吸作用导致岩石缝面强度弱化越严重，支撑剂越容易嵌入，裂缝越容易闭合，因此连通性变化越快，连通性的损失越严重；如图 3.20（b）所示，岩石强度越大，支撑剂越不易嵌入，裂缝不易闭合，因此强度较大的岩石会使得裂缝开度变化较小，连通性保持得越好；如图 3.20（c）所示，支撑剂强度越大，弹性变形越小，越不易压缩，支撑剂裂缝开度保持得较好，连通性变化也较小；如图 3.20（d）所示，分别采用 2.0mm、2.5mm、3.0mm 厚度的支撑剂充填裂缝，随着充填厚度的增加，裂缝连通的变化加剧，主要是因为支撑剂越厚，其变形空间越大，裂缝开度的累计变化越大，导致裂缝连通性变化明显。因此，渗吸导致的支撑剂嵌入、支撑剂和岩石力学参数的匹配对于裂缝的连通性至关重要，也是影响由支撑裂缝沟通压裂井间干扰的主要因素。

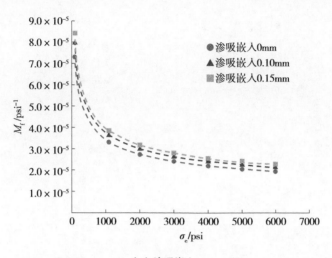

（a）渗吸嵌入

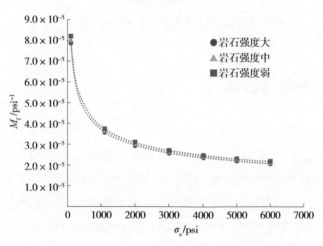

（b）岩石强度

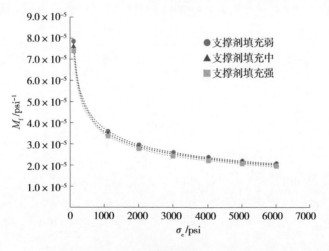

（c）支撑剂强度

图 3.20　支撑剂支撑裂缝连通变化的影响因素

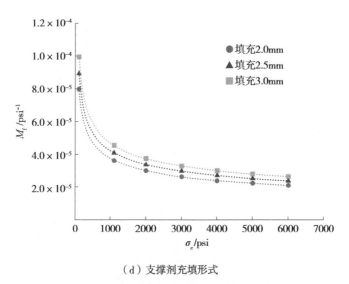

（d）支撑剂充填形式

图 3.20　支撑剂支撑裂缝连通变化的影响因素（续）

3.4　井间干扰差异的解释

由 2.2.4 节可知，被干扰井恢复产液时间差异显著，干扰时间的差异主要体现在连通裂缝的愈合能力。由 3.2 节中自支撑裂缝连通性的评价可知，页岩自支撑裂缝的初始连通性较差，但是变化较小，一旦产生井间干扰，对长期生产的影响更大；砾岩自支撑裂缝导致井间连通较好，但是由于裂缝闭合得更快，对井间干扰产生的影响将会在后期降低。同时，微裂缝的连通实验表明裂缝开度、缝面粗糙度、接触面积和液体性质均影响裂缝连通能力。砾岩储层缝面更加粗糙，流体流过时需要克服更大的阻力，导致砾岩裂缝的连通性变化快，最终体现在邻井压裂对邻井生产恢复影响的时间长短。

第4章 压裂井间干扰数值模拟

压裂过程中的井间干扰主要受连通裂缝网络的控制，由于裂缝网络连通性的差异，压裂井间干扰形成的压力响应表现出不同的特征。本章采用裂缝扩展和数值模拟一体化平台来模拟两口水平井在多种条件下裂缝的扩展过程，分析两井之间裂缝的相互作用。同时，采用一注一采的方式，研究不同连通缝网结构下被干扰井缝内压力的响应规律，旨在全面掌握压裂井间干扰的主控因素及其相应的规律。

4.1 非常规裂缝数学模型

非常规裂缝模型（Unconventional Fracture Model，简称 UFM）能够模拟压裂过程中的裂缝扩展、岩体变形和流体流动等现象，支撑剂运移的模拟采用三层支撑剂运移模型，包括上层清液、中间过渡层和底部支撑剂沉降层。与常规体积压裂模拟软件相比，UFM 的优势在于考虑了水力裂缝和天然裂缝的相互作用、应力阴影效应等特殊机理、支撑剂运移和支撑的过程。基本方程包括复杂裂缝中岩体变形、压裂液流动控制、裂缝扩展、水力裂缝和天然裂缝相互作用的准则、支撑剂运移控制方程 [152-155]。

（1）质量守恒方程。

$$\frac{\partial q}{\partial s}+\frac{\partial (H_{fl}\overline{w})}{\partial t}+q_L=0, \ q_L=2h_L u_L \tag{4.1}$$

式中：q 为水力裂缝中沿分支裂缝长度方向的局部流动速率，m^3/s；s 为任一点坐标，m；H_{fl} 为裂缝中充填流体的局部高度，m；$\overline{w}$ 为平均裂缝开度，m；q_L 为压裂液的滤失速率，m^3/s；t 为时间，s；h_L 为滤失高度，m；u_L 为滤失速度，m^2/s。

（2）流体流动方程。

注入压裂液为幂律流体，裂缝中的流动为层流或紊流，当流动为层流和紊流时，流动状态分别描述为式（4.2）和式（4.3）：

$$\frac{\partial p}{\partial s}=-\alpha_0 \frac{1}{w^{2n'+1}} \frac{q}{H_{fl}}\left|\frac{q}{H_{fl}}\right|^{n'-1} \tag{4.2}$$

$$\frac{\partial p}{\partial s}=-\frac{f\rho}{w^3} \frac{q}{H_{fl}}\left|\frac{q}{H_{fl}}\right| \tag{4.3}$$

式中：n' 为幂律指数；K' 为稠度指数；f 为范宁摩阻系数；$w(z)$ 为 z 位置处裂缝的开度，m。a_0 表达式见式（4.4）：

$$\alpha_0 = \frac{2K'}{\phi(n')^{n'}} \cdot \left(\frac{4n'+2}{n'}\right)^{n'} \tag{4.4}$$

$$\phi(n') = \frac{1}{H_{fl}} \int_{H_n} \left[\frac{w(z)}{\overline{W}}\right]^{\frac{2n'+1}{n'}} dz \tag{4.5}$$

（3）体积平衡方程。

注入地层中的压裂液一部分存在于裂缝网络中，另一部分由地层的滤失进入基质，描述为式（4.6）：

$$\int_0^t Q(t)dt = \int_0^{L(t)} h(s,t)\overline{w}(s,t)ds + \int_{H_L} \int_0^t \int_0^{L(t)} 2u_L ds dt dH_L \tag{4.6}$$

式中：$Q(t)$ 为压裂液的体积流量，m^3/s；$L(t)$ 为压裂进行 t 时间时裂缝的长度，m；$h(s,t)$ 为 t 时刻 s 位置处裂缝的高度，m；H_L 为裂缝的高度，m；μ_L 为液体的黏度，mPa·s。

裂缝开度随缝内压力的变化而改变，可通过弹性方程建立裂缝开度和缝内压力的关系，岩石的弹性性质采用杨氏模量（E）和泊松比（σ）表征，裂缝的开度表示见式（4.7）至式（4.9）：

$$K_{Iu} = \sqrt{\frac{\pi h}{2}}\left[p_{cp}-\sigma_n+\rho_f g\left(h_{cp}-\frac{3}{4}h\right)\right] + \sqrt{\frac{2}{\pi h}}\sum_{i=1}^{n-1}(\sigma_{i+1}-\sigma_i)\times\left[\frac{h}{2}\arccos\left(\frac{h-2h_i}{h}\right)-\sqrt{h_i(h-h_i)}\right] \tag{4.7}$$

$$K_{Il} = \sqrt{\frac{\pi h}{2}}\left[p_{cp}-\sigma_n+\rho_f g\left(h_{cp}-\frac{1}{4}h\right)\right] + \sqrt{\frac{2}{\pi h}}\sum_{i=1}^{n-1}(\sigma_{i+1}-\sigma_i)\times\left[\frac{h}{2}\arccos\left(\frac{h-2h_i}{h}\right)+\sqrt{h_i(h-h_i)}\right] \tag{4.8}$$

$$w(z) = \frac{4}{E'}\left[p_{cp}-\sigma_n+\rho_f g\left(h_{cp}-\frac{h}{4}-\frac{z}{2}\right)\right]\sqrt{z(h-z)} + \frac{4}{\pi E'}\sum_{i=1}^{n-1}(\sigma_{i+1}-\sigma_i)\left[\frac{(h_i-z)\cosh^{-1}\frac{z\left(\frac{h-2h_i}{h}\right)+h_i}{|z-h_i|}}{+\sqrt{z(h-z)}\arccos\left(\frac{h-2h_i}{h}\right)}\right] \tag{4.9}$$

式中：K_{Iu}，K_{Il} 分别为裂缝上部和下部应力强度因子；h 为裂缝的高度，m；h_{cp} 为射孔处到缝端的高度，m；p_{cp} 为射孔处压力，MPa；σ_n 为法向应力，MPa；ρ_f 为流体密度，kg/m^3；i 为层位编号；h_i 为 i 层顶到裂缝底部高度，m；E' 为平面应变模量。

（4）水力裂缝与天然裂缝相互作用。

水力裂缝与天然裂缝间相互作用受天然裂缝的方位、几何形状、原地应力状态、岩石的性质（杨氏模量、泊松比、抗张强度）、流体性质、缝面性质（摩擦系数、黏聚力、渗透率等）等影响，是岩石的变形、摩擦滑移、流体流动控制的复杂问题。本书中水力裂缝和天然裂缝的作用准则见式（4.10）：

$$\frac{-\sigma_{xx}}{T_0-\sigma_{yy}} > \frac{0.35+\dfrac{0.35}{k_{\text{fric}}}}{1.06} \tag{4.10}$$

式中：σ_{xx}，σ_{yy} 分别为平行于裂缝方向和垂直于裂缝方向的有效应力，MPa；T_0 为岩石的抗张强度，MPa；k_{fric} 为裂缝面的摩擦系数。

当满足上述方程时，水力裂缝被天然裂缝吸收，天然裂缝被激活，形成复杂度更高的裂缝网络。否则，水力裂缝会穿过天然裂缝，形成较为复杂的裂缝。

（5）水力裂缝之间的相互作用。

水力裂缝间的相互作用又称应力阴影效应，考虑应力阴影的裂缝扩展如图4.1所示，先压裂裂缝由裂缝的开度和剪切位移导致原地应力场的变化，后压裂的裂缝受应力场重新分布影响。通过附加应力场的方式实现对裂缝应力阴影效应的模拟，表达式见式（4.11）：

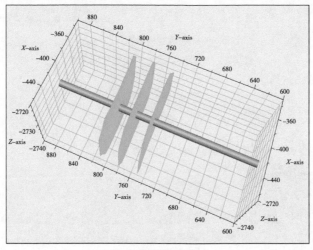

（a）裂缝扩展初期

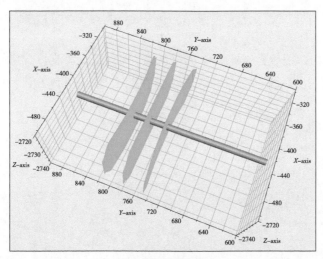

（b）裂缝扩展中期

图 4.1　考虑应力阴影的裂缝扩展

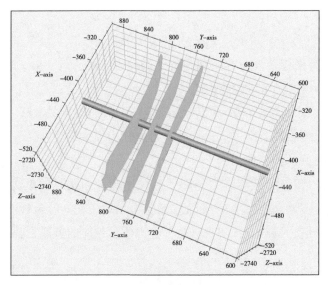

（c）裂缝扩展后期

图 4.1　考虑应力阴影的裂缝扩展（续）

$$\sigma_n^i = \sum_{j=1}^{N} C_{ns}^{ij} D_s^j + \sum_{j=1}^{N} C_{nn}^{ij} D_n^j$$
$$\sigma_s^i = \sum_{j=1}^{N} C_{ss}^{ij} D_s^j + \sum_{j=1}^{N} C_{sn}^{ij} D_n^j$$

（4.11）

式中：σ_n^i，σ_s^i 分别为正应力和剪应力，MPa；D_s^j，D_n^j 分别为正向位移和剪切位移，m；C^{ij} 为二维平面应变弹性影响系数。

（6）支撑剂运移方程。

支撑剂的运移采用三层支撑剂运移模型，包括上层清液、中间过渡层和底部支撑剂沉降层，表达式见式（4.12）：

$$c_k = \frac{1}{\Delta x' \overline{w}(H - H_{\text{bank}})} \int_{H_{\text{bank}}}^{H} \int_{-\frac{\overline{w}}{2}}^{\frac{\overline{w}}{2}} \int_{x_c' - \frac{\Delta x'}{2}}^{x_c' + \frac{\Delta x'}{2}} X_k(x', y', z) \mathrm{d}x' \mathrm{d}y' \mathrm{d}z$$

（4.12）

式中：X_k 为第 k 层的体积分数；x_c' 为单元的长度，m；H_{bank} 为支撑剂沉降层的高度，m；c_k 为支撑剂在第 k 层的浓度，kg/m^2。其中，为表征滤失，引入下述方程：

$$\frac{\partial(H - H_{\text{bank}})\overline{w} c_{\text{fl},k}}{\partial t} + \frac{\partial(q_{\text{fl}} c_{\text{fl},k})}{\partial x} = -f_{\text{leak\_off}} c_{\text{fl},k}$$

（4.13）

式中：q_{fl} 为体积流量，m^3/s；$f_{\text{leak\_off}}$ 为流过裂缝面的通量，m^2/s；$C_{\text{fl},k}$ 为系数。支撑剂的沉降速度由式（4.14）表征：

$$v_{\text{set},k} = \left[\frac{1}{3^{\overline{n}^{t-1}} - 18} \frac{(\rho_{\text{prop},k} - \overline{\rho}_{\text{fl}})}{\overline{K}'} g D_k^{\overline{n}^{t-1}} \right]^{1/\overline{n}'}$$

（4.14）

式中：$v_{\text{set},k}$ 为支撑剂的沉降速度，m/s；$\rho_{\text{prop},k}$ 为支撑剂的密度，kg/m^3；$D_k^{\overline{n}'-1}$ 为支撑剂的直径，m。

4.2 压裂裂缝的模拟模型

为了研究井间干扰的规律问题，基于二维裂缝的平面展布量化裂缝之间的裂缝相交概率，裂缝的高度在产层内扩展高度基本不变，两井裂缝相交概率定义为：二维平面结构化网格中，两井之间连通裂缝相交部分所占的网格数与裂缝扩展区域所占网格数的比例。同时，采用一采一注形式研究被干扰井压力的响应规律。裂缝网络连通模拟工作流如图 4.2 所示，工作流如下：（1）建立作业区，输入储层参数和岩石力学参数，然后在工区内建立两口相邻的井，根据现场完井数据进行射孔完井模拟，通过不同的井距、射孔参数研究井距、完井参数等对裂缝扩展的影响，如图 4.2（a）所示；（2）输入天然裂缝长度、角度、偏差，建立离散裂缝网络，模拟天然裂缝分布，如图 4.2（b）所示；（3）输入压裂参数、泵注程序，进行分级压裂模拟，得到裂缝扩展的三维展布规律，如图 4.2（c）所示；（4）将裂缝网络展示在二维窗口，统计裂缝相交概率，如图 4.2（d）所示；（5）采用一注一采的形式，观察被干扰井中压力响应规律，如图 4.2（e）所示。

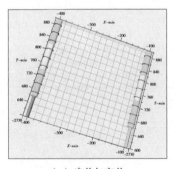

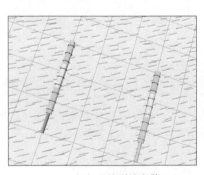

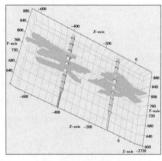

（a）建井与完井　　　　　　　　（b）天然裂缝离散　　　　　　　　（c）裂缝扩展模拟

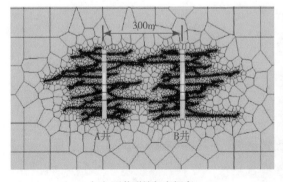

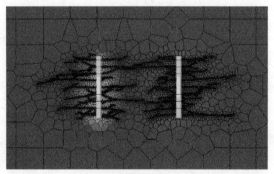

（d）两井裂缝相交概率　　　　　　　　　　　（e）被干扰井压力响应

图 4.2　裂缝网络连通模拟工作流

目的层地层孔隙压力为 36MPa，地层压力系数为 1.27，地层温度为 80℃。建立工区的大小为 1500m×1400m，模拟三段压裂共 240m、每段长度为 80m，每段射孔 3 簇，与现场压裂情况基本保持一致。

4.2.1 模型数据输入

（1）储层物性和力学参数。

模拟的油层厚度约为 10m，顶部和底部存在稳定、较厚的泥岩层，裂缝在油层里纵向扩展时，上下隔层会产生一定的遮挡。上部隔层与油层的最小水平主应力差为 2MPa，下部隔层与油层的最小水平主应力差为 4MPa，因此，在数值模拟中油层和隔层厚度分别设置为 10m 和 5m，物性参数的设置见表 4.1，岩石力学参数的设置见表 4.2，数值模拟的参数均来源于研究区现场的数据，具有一定的代表性。

表 4.1　地层信息

参数	上隔层	含油层	下隔层
地层压力/MPa	36	36	36
地层厚度/m	5	10	5
孔隙度/%	2	10	2
渗透率/mD	0.001	0.05	0.001
初始含水饱和度/%	70	20	70

表 4.2　力学参数

参数	上隔层	含油层	下隔层
水平最小主应力/MPa	52	50	54
水平最大主应力/MPa	61	59	63
杨氏模量/GPa	35	25	35
泊松比	0.37	0.26	0.37
抗压强度/MPa	361	270	390
抗拉强度/MPa	7.5	5.2	7.5

（2）天然裂缝参数。

研究区发育有溶蚀缝、压溶缝、层理缝和构造缝，井间裂缝具有差异性，总体上裂缝发育一般。储层的物性、应力、含油性和脆性变化不大，发育天然裂缝数量偏少，且裂缝的方向多处于与井筒夹角的 60° 左右，模型中的天然裂缝以 60° 为主开展模拟，具体参数见表 4.3，通过调节裂缝的间距和裂缝长度，由 N-2 至 N-4 模拟的天然裂缝复杂性逐渐增加，N-1 用于模拟较长天然裂缝的影响。

表 4.3　天然裂缝参数

参数	N-1	N-2	N-3	N-4	偏差
裂缝间距/m	20	30	20	15	3
裂缝长度/m	100	30	30	30	3

（3）压裂完井参数。

模拟井采用多段射孔分簇压裂工艺，采用不同的施工排量进行对比，射孔均采用 60°的角度。液体为滑溜水体系，30/50 目支撑剂进行支撑，每段注入前置液 200m³，段塞式加砂液为 200m³，进行三个循环，假设进行 30 级压裂，注液量可为 40000m³ 左右，与模拟井的实际注入总液量一致。

4.2.2　压裂裂缝网络

完成数据输入和压裂模拟设置后进行裂缝扩展模拟，可实时观察裂缝动态扩展的过程，如图 4.3 所示。在裂缝扩展初期，压裂液的注入由射孔处起，单一裂缝开始扩展；扩展中期，裂缝开度逐渐增大，遇到天然裂缝，会根据水力裂缝和天然裂缝的作用准则开启或穿越天然裂缝，形成的裂缝网络越来越复杂；裂缝扩展后期，主裂缝不再继续延伸，分支裂缝逐渐发育，形成高压充填状态下的裂缝网络；裂缝闭合期，裂缝中的高压流体逐渐向地层中滤失，裂缝逐渐闭合，逐步形成最终的裂缝网络形态。

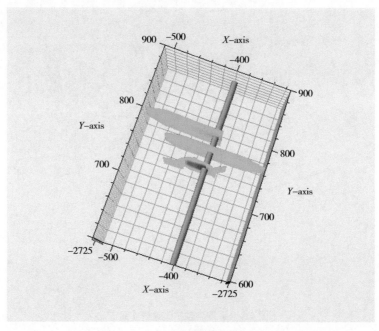

（a）扩展初期

图 4.3　裂缝动态扩展过程

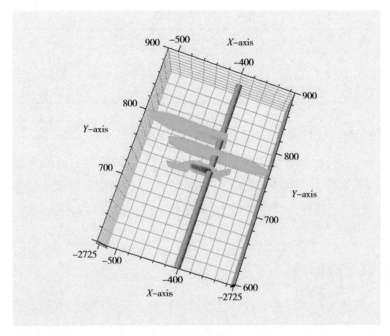

（b）扩展中期

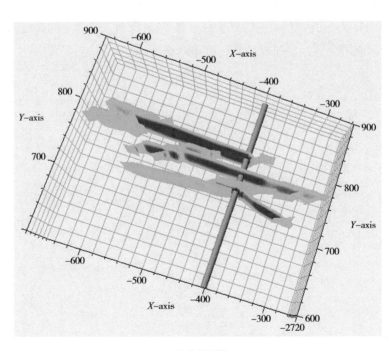

（c）扩展后期

图 4.3　裂缝动态扩展过程（续）

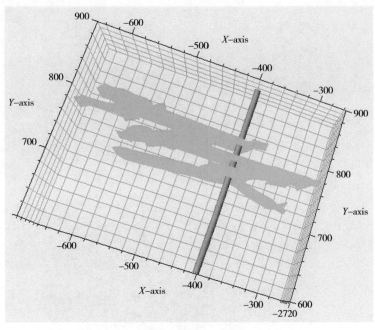

（d）裂缝闭合期

图 4.3　裂缝动态扩展过程（续）

4.3　裂缝网络连通影响因素

4.3.1　相邻井间井距的影响

井距是影响井间干扰的重要因素之一，掌握井距对裂缝干扰的影响，能够为合理规划井距提供技术支持。本书分别模拟了 150m、200m、300m、400m 井距下的裂缝扩展规律，如图 4.4 所示。随着井距的缩小，井间裂缝相互干扰的程度在加剧，受裂缝扩展长度和应力阴影效应共同控制。如图 4.5（a）所示，井距为 400m 时，两井之间的裂缝不沟通；井距为 300m 时，两井裂缝出现了部分沟通，沟通裂缝占改造总裂缝的 3% 左右；井距为 200m 时，井间裂缝沟通占改造总裂缝的 5% 左右；井距为 150m 时，井间裂缝沟通的接近 9%，过度的裂缝沟通不易保持裂缝内充填的流体压力，降低压裂液的能效，同时会对后期的生产带来更多不利影响。压裂时裂缝中流体处于高压状态，使得近井应力场发生变化，对邻井压裂裂缝的扩展具有影响，进而影响两井之间压裂裂缝网络的连通。

为进一步研究缝网结构对被干扰井压力的影响，观察被干扰井中压裂裂缝的压力变化规律。如图 4.5（b）所示，随注入时间的增加，被干扰井中裂缝内的压力逐渐增加，井距越小，压力的初始响应点越高，且在较高的压力响应下持续增加。一方面，井距

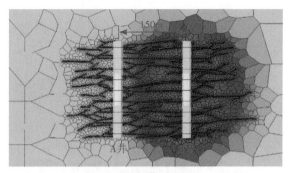

（a）150m井距裂缝分布

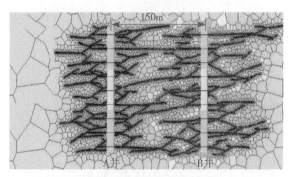

（b）150m井距缝内含水饱和度

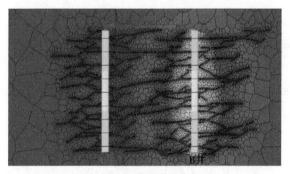

（c）200m井距裂缝分布

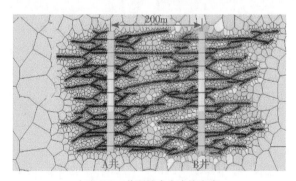

（d）200m井距缝内含水饱和度

图4.4　不同井距下裂缝的分布和裂缝内的含水饱和度示意图

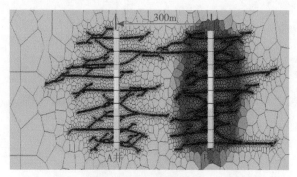

（e）300m 井距裂缝分布

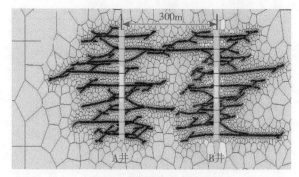

（f）300m 井距缝内含水饱和度

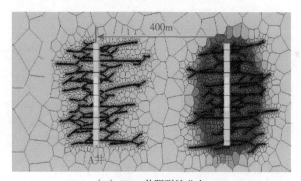

（g）400m 井距裂缝分布

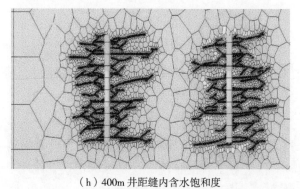

（h）400m 井距缝内含水饱和度

图 4.4　不同井距下裂缝的分布和裂缝内的含水饱和度示意图（续）

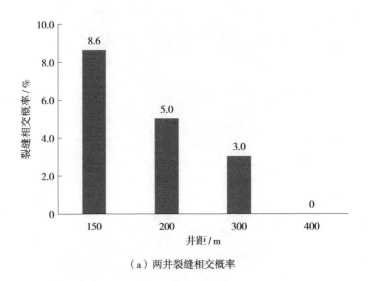

（a）两井裂缝相交概率

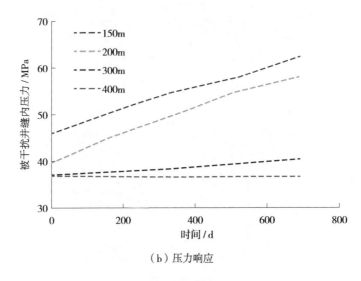

（b）压力响应

图 4.5　不同井距下的两井裂缝相交概率和压力响应

缩小，裂缝连通的概率增加，被干扰井的裂缝中压裂液一旦发生串通，液体积聚更快，导致压力升高的幅度和速度都维持在较高的水平；另一方面，井距越小，缝网中出现连通性较高的单一裂缝可能性越大，导致压力响应剧烈，对被干扰井中的压力影响更显著。

目前研究区施工井采用 200m 井距的试验井出现了典型的裂缝沟通，但是裂缝沟通的频次低于数值模拟出现井间裂缝干扰的情况，这是因为地层存在明显的非均质层性或存在局部裂缝较发育的层段。300m 井距时，干扰的幅度较轻，200m 井距干扰的现象逐渐加剧，现场采用井距超过 400m 时仍干扰，可能是天然裂缝起到了重要作用。当井距处于 200m 左右，适度干扰既能充分动用储层，又能尽可能降低井间干扰带来的负面影响，进而达到研究区提产、提采的目的。

4.3.2　天然裂缝网络的影响

天然裂缝发育程度影响压裂裂缝网络的形成，在大规模压裂过程中，若能沟通、开启更多天然裂缝，则能形成较复杂的裂缝网络。受天然裂缝影响，两井之间所形成裂缝的交叉情况有所差异，如图 4.6 所示。天然裂缝之间的间距越小、裂缝越密，压裂时形成的水力裂缝长度越短，两井间裂缝连通的程度也就越低。这是由于水力裂缝在扩展过程中遇到密集的天然裂缝，满足天然裂缝激活条件，使压裂裂缝网络更复杂，故主裂缝在长度上的扩展受限。裂缝间距为 15m，两井裂缝的相交概率仅为 0.6%；天然裂缝间距为 30m，两井间裂缝的相交概率增加到 8%，相交概率增加了十几倍。当裂缝的长度达到100m 时，间距仍保持 20m，两井之间的主裂缝连通，井间裂缝的相交概率仅为 1.9%，如图 4.7 所示。

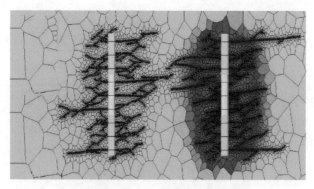

（a）裂缝长度 30m、间距 15m 裂缝分布

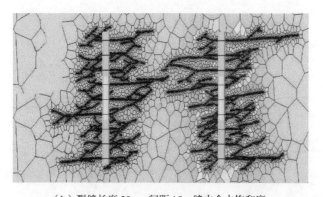

（b）裂缝长度 30m、间距 15m 缝内含水饱和度

图 4.6　不同天然裂缝下的裂缝分布和缝内含水饱和度

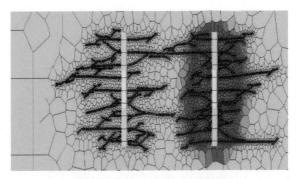

（c）裂缝长度 30m、间距 20m 裂缝分布

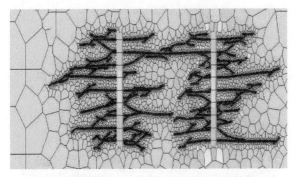

（d）裂缝长度 30m、间距 20m 缝内含水饱和度

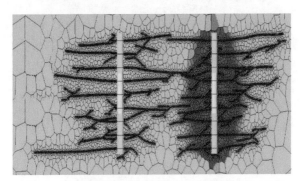

（e）裂缝长度 30m、间距 30m 裂缝分布

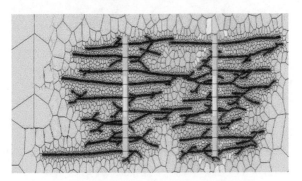

（f）裂缝长度 30m、间距 30m 缝内含水饱和度

图 4.6 不同天然裂缝下的裂缝分布和缝内含水饱和度（续）

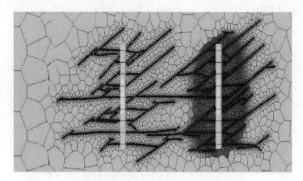

（g）裂缝长度 100m、间距 20m 裂缝分布

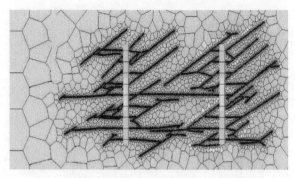

（h）裂缝长度 100m、间距 20m 缝内含水饱和度

图 4.6　不同天然裂缝下的裂缝分布和缝内含水饱和度（续）

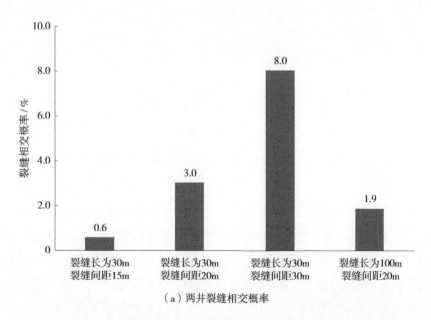

（a）两井裂缝相交概率

图 4.7　不同天然裂缝下的两井裂缝相交概率和压力响应曲线

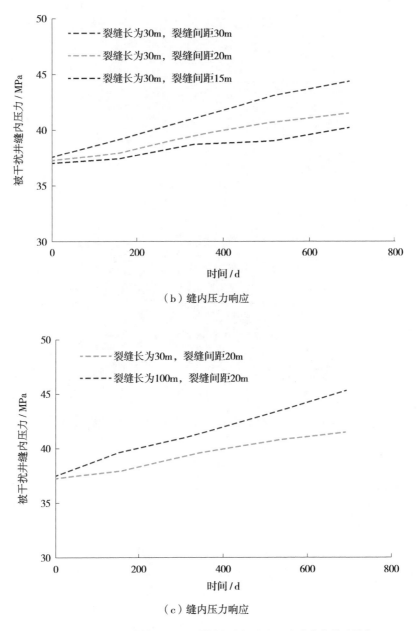

（b）缝内压力响应

（c）缝内压力响应

图 4.7　不同天然裂缝下的两井裂缝相交概率和压力响应曲线（续）

随着天然裂缝密度的降低，被干扰井裂缝内的含水饱和度突进较快，如图 4.6 所示，进而导致被干扰井裂缝内的压力响应增强。这是由于天然裂缝密度发育程度较低，主裂缝的延伸长度越长，两井之间沟通的裂缝导致被干扰井中压力上升得较快。如图 4.7 所示，天然裂缝密度低，但长度较长，形成的井间干扰具有较强的连通性，该情况下形成的压裂井间干扰将导致被干扰井裂缝中压力上升快，且会形成对生产的长期影响。

随天然裂缝的密度增加，在井筒两侧形成较为复杂的裂缝网络，主裂缝的扩展受到抑制。大量发育的天然裂缝是形成井间裂缝沟通干扰的潜在因素，但裂缝扩展过程中遇到天然裂缝并将其激活，耗散更多能量，难开启发育较长的井间天然裂缝。天然裂缝密度较低、长度较长时，更容易形成裂缝井间干扰。发育较短且密度较高的天然裂缝易形成复杂的裂缝网络，同时能够降低井间干扰的概率。

4.3.3　地层水平应力差的影响

水平应力差分别选用 3MPa、9MPa、15MPa 开展其对井间裂缝形成及连通性影响的分析，低水平应力差下主裂缝的横向扩展受限。如图 4.8 所示，随着地应力差的增加，裂缝扩展的长度大幅度增加，导致井间裂缝的连通显著提升。当地应力差达到 15MPa 时，两井之间裂缝连通的概率增加为接近 20%。但是应力差为 3MPa 时，两井之间裂缝连通的概率增加为 1%，地应力差较小，裂缝的长度扩展受限，出现更多的分支裂缝抑制主裂缝的过度扩展。

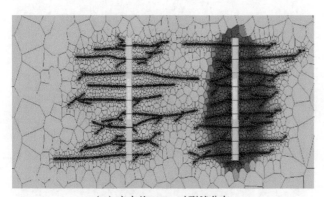

（a）应力差 3MPa 时裂缝分布

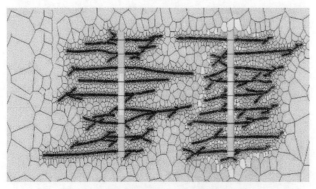

（b）应力差 3MPa 时缝内含水饱和度

图 4.8　不同应力差下的裂缝分布和含水饱和度

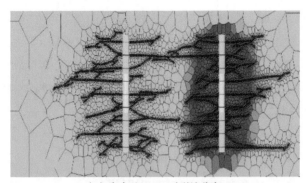

（c）应力差 9MPa 时裂缝分布

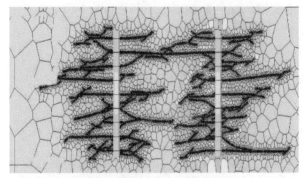

（d）应力差 9MPa 时缝内含水饱和度

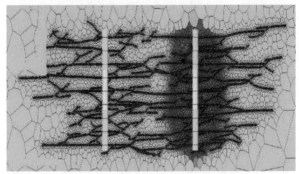

（e）应力差 15MPa 时裂缝分布

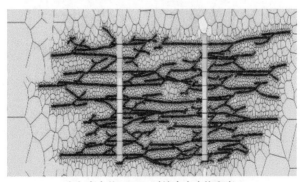

（f）应力差 15MPa 时缝内含水饱和度

图 4.8　不同应力差下的裂缝分布和含水饱和度（续）

对于 3MPa 的水平应力差，被干扰井裂缝中的压力基本不变，说明裂缝未有效连通；9MPa 和 15MPa 应力差的被干扰井裂缝中的压力上升得较快，说明裂缝连通性变好。高应力差下被干扰井缝内的压力上升越快，由于大应力差导致压裂裂缝过度扩展，使得形成了较为严重的井间连通。应力差过大会导致更加严重的压裂井间干扰。应力差较小时，模拟案例中未实现更多天然裂缝的开启，使得裂缝的复杂性也未显著增加，如图 4.9 所示。

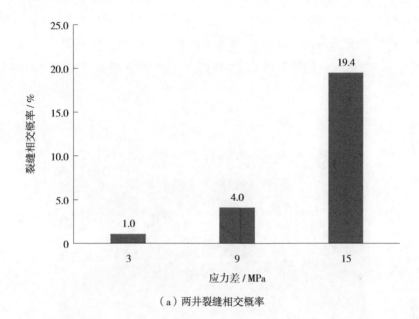

（a）两井裂缝相交概率

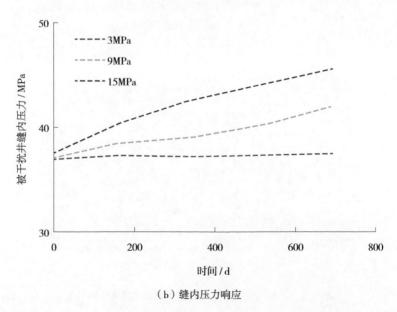

（b）缝内压力响应

图 4.9 不同应力差下的两井裂缝相交概率和压力响应曲线

4.3.4 压裂施工排量的影响

施工过程中采用不同的排量会影响裂缝的形态，模拟采用 $8m^3/min$、$10m^3/min$、$12m^3/min$ 排量，对比排量对缝网及其两井之间裂缝连通性形成的影响，如图 4.10 所示。排量越大，主裂缝延伸得越长，两井之间裂缝连通的程度越高，这是因为排量越高，压力升高的速度越快，相同滤失的情况下，更容易激活天然裂缝网络，且能使其向前延伸，形成更加严重的井间裂缝干扰。排量为 $8m^3/min$ 时，两井裂缝相交概率为 0.6%；排量为 $10m^3/min$ 时，两井裂缝相交概率为 4%；排量为 $12m^3/min$ 时，两井裂缝相交概率约为 15%。如图 4.11（a）所示，当排量超过 $12m^3/min$ 时，两井裂缝相交概率显著增加。排量为 $8m^3/min$ 时，被干扰井缝内压力基本不受影响，但是随着排量的升高，被干扰井缝内压力上升的速度也变得越快，如图 4.11（b）所示。

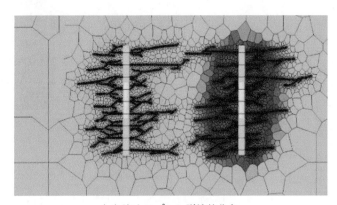

（a）注入 $8\ m^3/min$ 裂缝的分布

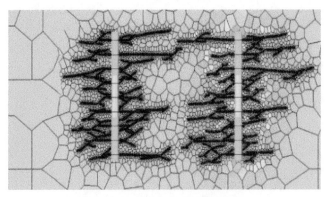

（b）注入 $8\ m^3/min$ 缝内含水饱和度

图 4.10　不同排量下的裂缝分布和裂缝内的含水饱和度

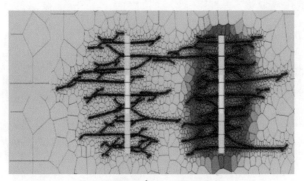

（c）注入 10 m³/min 裂缝的分布

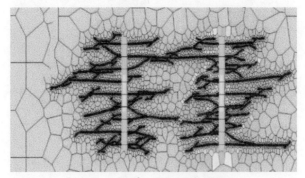

（d）注入 10 m³/min 缝内含水饱和度

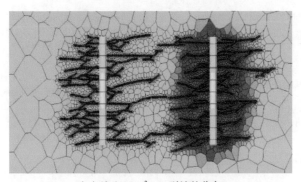

（e）注入 12 m³/min 裂缝的分布

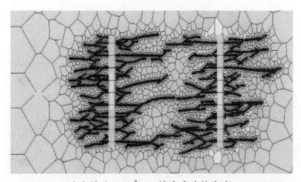

（f）注入 12 m³/min 缝内含水饱和度

图 4.10　不同排量下的裂缝分布和裂缝内的含水饱和度（续）

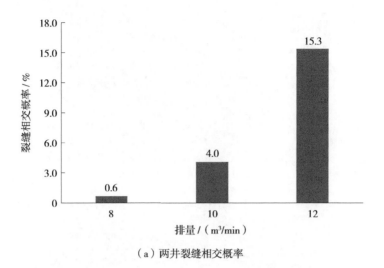

（a）两井裂缝相交概率

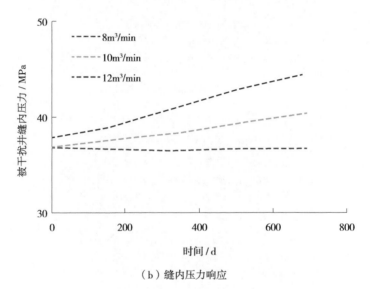

（b）缝内压力响应

图4.11 不同排量下的两井裂缝相交概率和压力响应

第5章 井间主动干扰提高液体压后能效

压裂过程中发生井间干扰使得邻井裂缝中压力上升，地层能量得到一定程度的补充，连通裂缝系统中的压力也会随着裂缝的闭合发生改变，影响干扰区压后液体的能效，在一级干扰区、二级干扰区和三级干扰区中都会有所体现。李国欣等[6]提出致密砾岩油田的井间主动干扰理论，认为压裂引起的应力场变化可减小应力差，产生井间相干效应。本章在研究干扰区压后液体在缝内滞留规律的基础上，开展了基质压力传递效率实验和压裂液的渗吸驱油实验，旨在利用压裂井间主动干扰提高干扰区压后液体的能效。

5.1 干扰区裂缝中压裂液的滞留

5.1.1 实验目的

致密储层大规模水力压裂形成大量的分支裂缝[156]，裂缝示意图如图5.1所示。图5.1（a）为压裂形成的复杂缝网，缝网是由主裂缝和分支裂缝组成。改造效果好的储层分支裂缝占比较大，且作为油气渗流的主要通道发挥重要作用[157]，分支裂缝如图5.1（b）所示。本研究的目的是分别从宏观和微观角度认识分支裂缝中压裂液滞留，量化分支裂缝内压裂液的滞留规律，为提高干扰区压后液体的能效打下基础。

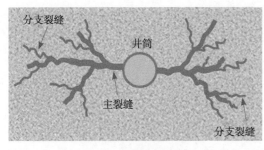

（a）水力压裂形成缝网

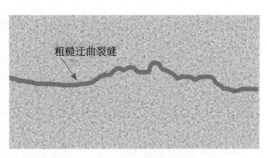

（b）分支裂缝

图 5.1 裂缝示意图

5.1.2 实验过程

本节将从实验材料、实验设备、实验方法和实验步骤具体阐述实验过程。

（1）实验材料。

实验岩心均为井底取出的标准岩心柱，编号为 A 的取自芦草沟组，分别标记为 A-1、A-2 和 A-3；编号为 F 的取自龙马溪组，分别标记为 F-1、F-2。五组岩心的缝面扫描方向和宽度如图 5.2 所示。A 样品取心深度为 2760 ~ 2780m，F 样品取心深度为 2513 ~ 2560m，采用的样品在两个盆地中的深度差异较小。在 105℃下烘干岩心至质量不再变化，依据行业标准 GB/T 29172—2012《岩心分析方法》测得 A 样品的平均孔隙度和渗透率分别为 6.17% 和 15.2×10^{-3}mD；F 样品的平均孔隙度和渗透率分别为 5.76% 和 0.9×10^{-3}mD。两类岩心的孔隙度接近，渗透率具有显著差异。X 射线衍射分析得到的平均全岩矿物和黏土矿物含量见表 5.1。A 样品石英和长石所占比例高达 90%，F 样品石英和长石所占比例约 50%；A 样品黏土矿物含量为 16.7%，均为伊蒙混层，F 样品黏土矿物含量为 36.9%，伊蒙混层占 62.3%，F 样品所含黏土矿物含量是 A 样品的两倍。

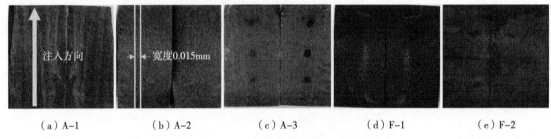

（a）A-1　　　（b）A-2　　　（c）A-3　　　（d）F-1　　　（e）F-2

图 5.2　缝面扫描方向和宽度

对于非常规储层压裂，去离子水、氯化钾溶液和合成盐水等液体常用作对比液开展室内实验[158], [159]。本书选取去离子水作为压裂液的模拟液具有代表性，25℃下测得液体的密度为 $1.02g/cm^3$，黏度为 0.92mPa·s。

表 5.1　XRD 矿物组成

标签	矿物组成/%					各类黏土矿物相对含量/%				
	石英	长石	方解石	白云石	黏土	伊利石	蒙脱石	I/S混层	绿泥石	高岭石
A	59.6	21.1	0.1	2.7	16.7	0	0	100.0	0	0
F	40.3	8.8	7.5	6.5	36.9	15.9	4.3	62.3	8.7	8.8

（2）实验设备和方法。

为定量表征裂缝表面形貌、压裂液在缝内及近裂缝面基质中的分状态，以及裂缝中液体的含量与渗流特征的关系，需要依次开展缝面扫描实验、低场核磁共振实验和含裂缝岩石的吸水测试实验。实验主要设备包括激光显微镜（VK-X250K）、低场核磁共振测量系统（PKSPEC）和自发渗吸实验装置，实验设备和实验方法如图 5.3 所示。激光显微镜高度测量的分辨率为 5nm、宽度测量的分辨率为 10nm，载物台在水平面上的运行范围为

100mm×100mm，能够满足岩石表面形貌在微米或厘米级别的测试要求。低场核磁共振测量系统采用的磁场强度为0.5T、脉冲间隔为100μm、采样间隔为4μm、扫面次数为64次，能够有效地测试出含裂缝岩石内液体滞留规律，同时可对压裂液的变化情况进行定量表征。自发渗吸实验将待测岩心悬挂于分析天平（型号：梅特勒ML204TE，精度0.0001g），实时记录岩心吸入液体的质量，并将数据传输至电脑。

采用上述实验设备，设计如下实验方法如下：井底全直径岩心上钻取标准岩心柱，然后放入劈缝装置。基于巴西劈裂原理，沿着标准岩心柱中轴线将岩心劈裂为两个部分，继而开展缝面扫描、低场核磁测试、岩心吸水和排液等一系列实验。

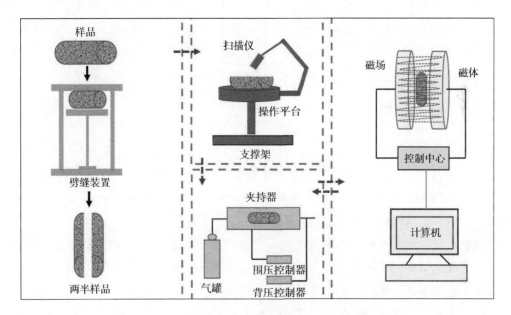

（a）实验方法

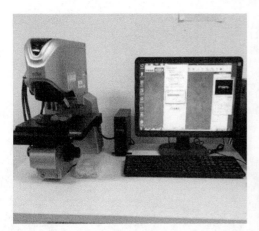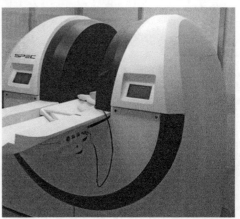

（a）实验设备

图5.3 实验方法和实验设备

（3）实验步骤。

基于上述实验设备和方法，下面阐述详细的实验步骤：①将劈裂的样品新鲜断面向上水平放置在工作台上，找到岩心断面的中心点设为扫描中心，进行缝面粗糙度扫描；②岩心顶端标记扫描起点（该点所在端面是液体/气体注入端）、以轴线为中心线设置扫描宽度0.015mm、扫描长度为岩心实际长度，如图5.3所示，进行缝面轮廓扫描；③岩心在105℃下烘干至质量不再变化为止，测试岩心质量和初始的T_2信号值，记录为初始T_2信号；④岩心放置在自发渗吸装置中，设置一定的时间间隔记录岩心的质量，待岩心吸水质量增加缓慢时停止吸水，测试此时岩心的T_2信号值，得到裂缝饱和状态下的T_2曲线，记录为饱水T_2信号；⑤将岩心装入排液测试装置，在2MPa围压、0.2MPa的气体压力下气驱30min，测得此时含裂缝岩心的T_2信号值，记录为第一次排液T_2信号；⑥再次将岩心装入排液测试装置，在2MPa围压、0.2MPa的气体压力下继续气驱30min，测得此时含裂缝岩心的T_2信号值，记录为第二次排液T_2信号；⑦处理缝面特征、核磁信号变化数据，得到实验结果。

5.1.3　实验结果

（1）裂缝表面形貌。

解析解和数值模拟方法研究裂缝性质对液体流动规律及油气生产的影响一般将粗糙裂缝简化为平直裂缝，考虑裂缝中宏观的流动和近缝面基质的微观渗吸，使用平直裂缝模型需要进一步完善，缝面性质的定量描述是开展下一步工作的前提。

图5.4为A-#和F-#样品的粗糙度，颜色越红表示凸起越高，颜色越蓝表示凹陷越深。如图5.5所示，Sa是算术平均高度，表示距表面平均面的高度的绝对值的算术平均。Sz是最大高度，表示距表面平均面的高度最大值的绝对值。A-1样品Sa和Sz最大，其次是A-2和A-3，A-2和A-3的Sa和Sz差异不大，F-1和F-2的Sa、Sz值最小，因此A-1粗糙度最大。其次是A-2和A-3，F-1和F-2粗糙度最小，A-#为岩屑长石粉砂岩，F-#为黑色粉砂质页岩，粗糙度的差异由岩性决定。

（a）A-1　　　　　　　　　　　　　　（b）A-2

图5.4　A样品和F样品裂缝粗糙形貌

（c）A-3

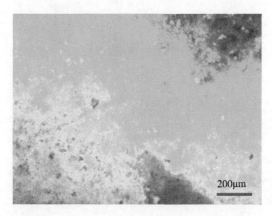

（d）F-1

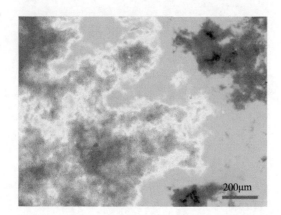

（e）F-2

图5.4　A样品和F样品裂缝粗糙形貌（续）

　　除了表面粗糙度外，提取的岩石表面的轮廓如图5.6所示。在图5.2（a）中箭头方向为所取轮廓的方向，以劈裂缝面的轴线为中心扫描0.012mm宽度的轨迹作为岩石表面轮廓，岩石表面轮廓视为迂曲度。A-1、A-2、A-3、F-2、F-1裂缝迂曲度逐步降低，A-1与A-2

的迁曲度差异较小，且 A-1、A-2、A-3 迁曲度要明显高于 F-1 和 F-2。值得注意的是，岩石缝面的粗糙度和迁曲度都具有强尺寸效应，本节中都采用同一大小级别的样品，对比时可忽略尺寸效应带来的影响。

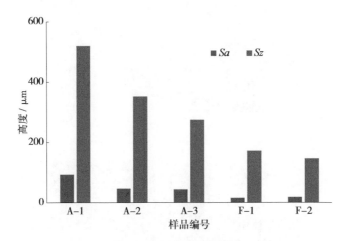

图 5.5　缝面形貌粗糙参数

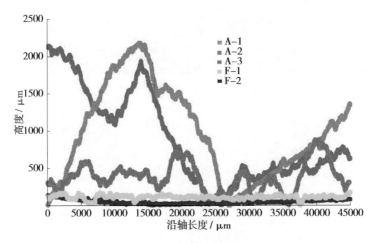

图 5.6　裂缝面表面轮廓

（2）基于核磁共振监测压裂液的滞留。

图 5.7（a）至图 5.7（e）分别为 A-1、A-2、A-3、F-1、F-2 样品在初始干燥、吸水24h、围压 2MPa、低压 0.2MPa 排液 30min，再次进行围压 2MPa、低压 0.2MPa 排液 30min四种状态下的低场核磁信号。干岩样的信号值最低，岩样饱水后样品的信号值显著增加，进行两次低压排液，信号的幅度逐次降低，这种变化是与岩石中压裂液的含量及滞留状态决定的。

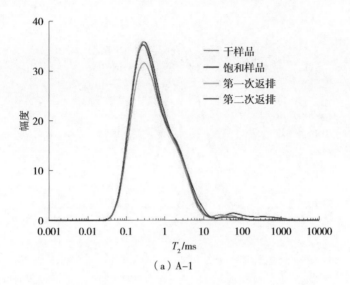

（a）A-1

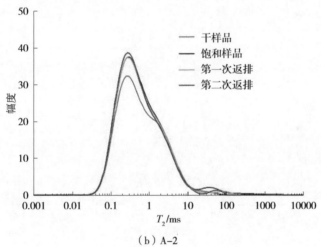

（b）A-2

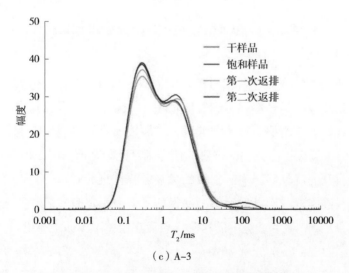

（c）A-3

图 5.7　A 样品和 F 样品吸水及排液过程信号值

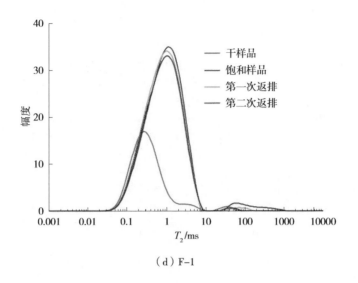

（d）F-1

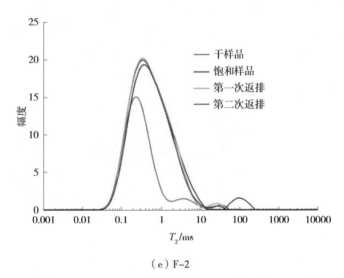

（e）F-2

图 5.7 A 样品和 F 样品吸水及排液过程信号值（续）

值得注意的是，研究样品的 T_2 信号值近视为双峰状态，左侧峰值大，可将左侧峰值视为近缝面基质中压裂液的信号值；右侧峰值较小，裂缝中是不受孔隙空间限制的液体。吸水双侧峰值都出现显著的增加，经过排液后，左侧较大峰值出现小幅度的降低，这是由于排液过程岩石中的压裂液排出，因此核磁的信号幅度逐渐降低；A-2 样品在第二次排液后，左侧峰值出现了上升的现象，因为压裂液的渗吸需要充足的时间，当近缝面基质渗吸时间充足后，缝面压裂液向近缝面基质运移，使得信号值在一定时间后有所上升。右侧峰值经过两次排液都有了下降，说明裂缝中的自由压裂液在压差下不断地排出。

图 5.8（a）至图 5.8（e）分别为 A-1、A-2、A-3、F-1、F-2 岩样吸入水、第一次排液后滞留压裂液和第二次排液后滞留压裂液的信号值。两次返排后，右侧峰值显著降低，

裂缝中的自由水较容易地从裂缝中排出。左侧峰值下降幅度较小，说明此状态下的压裂液排出受到了一定限制。将分支裂缝中返排的压裂液分为缝内自由可动水、一定条件下的受限可动水和滞留水三类。缝内自由可动压裂液一般进行排液作业时就可排出，一定条件下的可动水在延长排液时间条件下可继续返排出，滞留水为蓄存在储层中难以排出的部分。两次排液过程中图 5.8（a）（b）（c）左侧峰和右侧峰均有一定幅度的下降，图 5.8（a）（b）（c）左侧峰值对应的 T_2 时间约为 0.3ms，图 5.8（d）（e）左侧峰值对应的 T_2 时间约为 1ms，且下降幅度较小，以右侧峰值的下降为主，说明图 5.8（a）（b）（c）排液过程中缝内自由可动水和受限可动水均有排出，图 5.8（d）（e）排液过程中以缝内自由水为主，受限可动水排出程度低，这是由于 F 岩石的缝面滞留及近缝面渗吸效应强于 A 岩石。F 样品含黏土矿物含量是 A 样品的两倍，F 样品岩石在近缝面基质具有较强的黏土吸涨效应。

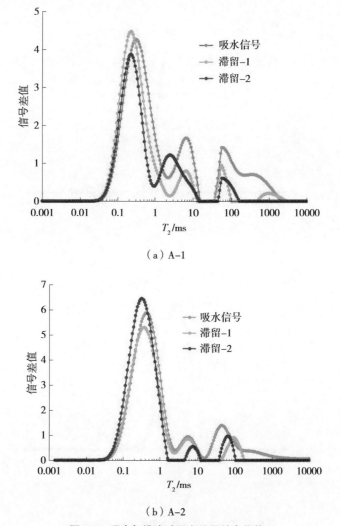

（a）A-1

（b）A-2

图 5.8　吸水与排液过程中信号的变化值

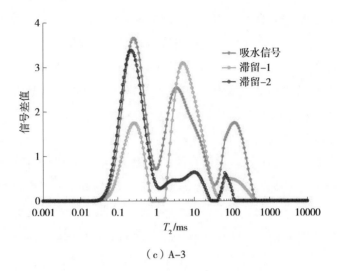

（c）A-3

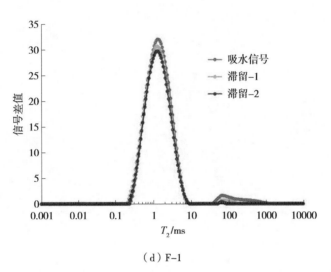

（d）F-1

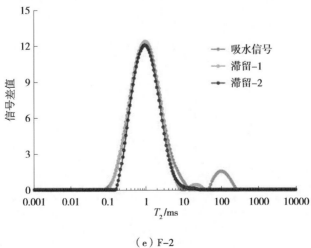

（e）F-2

图 5.8　吸水与排液过程中信号的变化值（续）

图 5.9 为五组含分支裂缝样品两次排液后的滞留率。第一次排液后 A-1、A-2、A-3、F-1、F-2 滞留率分别为 87.2%、85.6%、80.9%、92.8%、92.2%。第二次排液后压裂液的滞留率降低了 5% ~ 15%。A-1、A-2、A-3、F-1、F-2 的表面粗糙度和裂缝迁曲度逐渐降低。对比 A-1、A-2、A-3 可知，裂缝表面越粗糙、裂缝的迁曲度越大，分支裂缝中压裂液的滞留率越高；缝面越粗糙，毛细管吸附作用越强，裂缝的迁曲度越大，压裂液与缝面的接触面积越大，缝面形成的水膜展布面积更广。A 样品表面粗糙度和裂缝迁曲度逐渐低均低于 F 样品，F 样品的滞留率显著高于 A 样品，说明 F 样品的近缝面基质渗吸对压裂液的滞留具有更重要的作用。F 样品和 A 样品孔隙度差异不大，但 A 样品渗透率低一个数量级，A 样品岩石含有大量发育的微纳米孔隙，具有良好的渗吸基础；同时，F 样品黏土矿物含量是 A 样品的两倍，F 样品近缝面基质渗吸具有较强的黏土吸涨效应。以上原因综合导致 F 样品压裂液滞留以近缝面基质渗吸为主。

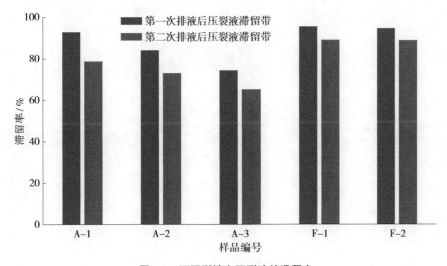

图 5.9　不同裂缝中压裂液的滞留率

图 5.10 所示为压裂液返排与滞留的微观机理。图 5.10（a）为分支裂缝饱和状态下压裂液的滞留，裂缝中充满了大量的自由可动水，缝面具有一层水膜，同时粗糙缝面通常伴随毛细管滞留水。由于时间限制，近缝面基质在毛细管力作用下的渗吸压裂液量较少，第一次返排，大量的缝内自由可动水排出。图 5.10（b）为第一次返排后分支裂缝中压裂液的滞留状态。除了缝面的水膜和毛细管滞留水外，近缝面基质中逐渐填满了渗吸液。第二次返排是相同条件下增加返排的时间，近缝面压裂液排出的过程，水膜的流动成为此阶段的重要现象，同时还伴随着蒸发的水分。对于矿场生产，返排初期主要是裂缝网络中的压裂液排出。随着返排时间的增加，近缝面的压裂液逐渐以水膜流动，蒸发的水逐渐排出地层[160]。

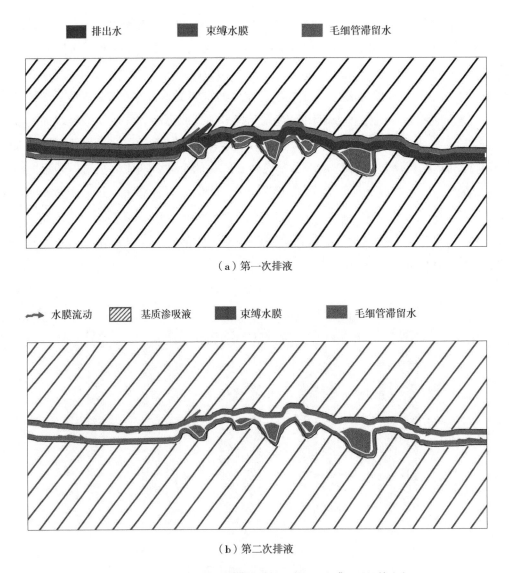

（a）第一次排液

（b）第二次排液

图 5.10　裂缝中压裂液的滞留机理（渗吸、水膜、毛细管力）

如图 5.11 所示，随裂缝开度增加，裂缝对压裂液滞留率呈现出减小的趋势。裂缝开度由 0.1mm 增加到 2.2mm，对应裂缝中压裂液滞留率从 83% 下降到 73%。与一般拟合规律的拟合点散布在拟合线 B 两侧不同，粗糙缝面的滞留率点散布在拟合线 A 两侧，光滑缝面滞留率点散布在拟合线 C 两侧。缝面凹凸体会产生局部接触，并在接触点附近滞留压裂液。粗糙裂缝是沿层理面劈裂形成，光滑裂缝是劈裂后对缝面做了光滑处理，处理过程中对缝面产生损伤，降低压裂液在缝面的渗吸。由于缝面的高低起伏，粗糙裂缝的缝面积与光滑平面相比也较大，裂缝面的吸附量也较大，表面干、驱动压差小，拟合点均匀散布在拟合线 A 附近。迂曲度越大，滞留率越大，迂曲度较小的裂缝滞留率均匀地散布在拟合线 C 附近。迂曲度的增加加剧了流道的复杂程度，需要更大的压差和能量才能将滞留液排出。开度越小,粗糙度越大,迂曲度越高,缝面渗吸量越大,压裂液的滞留率越高。

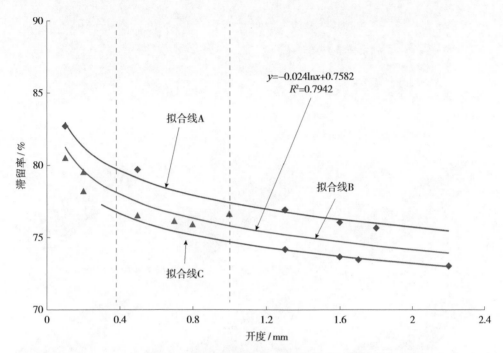

图 5.11　裂缝开度和压裂液滞留率的关系 [161]

如图 5.12 所示,随裂缝开度的降低,滞留在裂缝中的压裂液显著增加,滞留于微裂缝中的液体会出现压裂液"闭锁"。"闭锁"指在一定外压条件和接触面积下压裂液在粗糙裂缝中的封存,区别于滞留的最大特点是被封存的液体具有一定的承压能力,包括分支裂缝的非均质"闭锁"和微裂缝的"闭锁"。分支裂缝中的压裂液在泄压后,近主缝端会闭合,使液体滞留在裂缝网络中 [162]。微裂缝产生"闭锁"的概率会更大,一般条件下,进入微裂缝的液体再难以排出储层。裂缝"闭锁"是压裂液滞留的重要机理之一,主要受闭合应力、粗糙度、裂缝开度和接触面积控制,微裂缝、高粗糙度、局部产生"闭锁"和大面积接触利于压裂液的滞留。井间连通裂缝可通过裂缝的"闭锁"保持缝内压力,不断作用于基质,起正面作用。

压后闷井过程时,裂缝系统中的高压压裂液逐渐向近缝面基质中扩散,同时伴随着基质压力逐渐升高,压力的扩散如图 5.13 所示 [163]。初始阶段,基质渗透率较低,压力扩散的速度较慢。随着时间的增加,裂缝中的高压液体逐渐进入基质中。一方面,注入能量逐渐向基质中耗散;另一方面,开井后裂缝系统中的压力逐渐被释放。存在井间干扰时,各级干扰区中出现压裂液"闭锁",开井后仍能维持较长的时间,并不断作用于基质,为基质渗吸驱油提供辅助性作用。

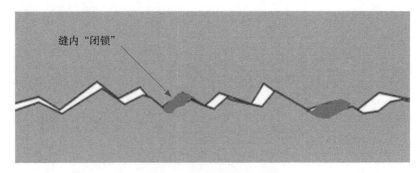

图 5.12　压裂液缝内"闭锁"

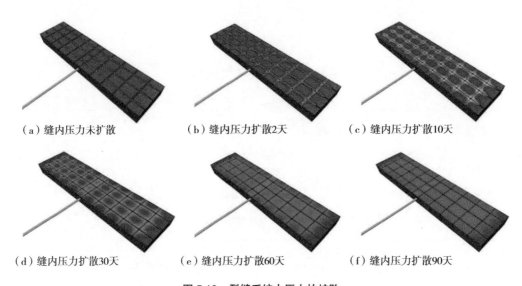

（a）缝内压力未扩散　　　　　　（b）缝内压力扩散2天　　　　　　（c）缝内压力扩散10天

（d）缝内压力扩散30天　　　　　（e）缝内压力扩散60天　　　　　（f）缝内压力扩散90天

图 5.13　裂缝系统中压力的扩散

5.2　干扰区近缝面基质压力传递特性

5.2.1　实验目的

本节采用芦草沟组页岩、延长组致密砂岩和百口泉组砾岩样品分别开展基质压力传递特性实验，进行致密储层压力传递特征与微观机理的研究，分析影响压力传递的因素，讨论压力传递的微观机理、压力平衡时间与注入深度的关系。提高基质压力传递效率，进而利用压裂井间主动干扰提升压后液体的效率。

5.2.2　实验过程

如图5.14所示，实验样品为圆柱体，内部岩心的直径为25mm、长度为3～12mm不等，页岩取自准噶尔盆地芦草沟组，取心深度2763～2764m，编号为J；砂岩取自鄂尔多斯盆地延长组，取心深度 1520 ~ 1521m，编号为 C；砾岩取自准噶尔盆地百口泉组，取心深度 3303 ~ 3304m，编号 M。样品详细的编号及物理参数见表 5.2。页岩的平均孔隙度和渗透率分别为 12.0% 和 0.022mD；致密砂岩的平均孔隙度和渗透率分别为 8.5% 和 0.225mD；致密砾岩的平均孔隙度和渗透率分别为 10.2% 和 0.590mD。所用样品均属于致密储层岩心，页岩孔隙度最高、渗透率最低，致密砾岩渗透率最高。孔隙度高的样品，渗透率不一定最大，这主要是受岩石孔隙连通影响。

（a）标准样品　　　　　　　　　　　　　（b）样品浇筑

图 5.14　实验样品

表 5.2　样品编号及物理参数

编号	长度/mm	直径/mm	孔隙度/%	渗透率/mD
J-1	7.94	25	10	0.023
J-2	10.91	25	13	0.029
J-3-1	10.91	25	13	0.021
J-3-2	8.34	25	9	0.017
J-3-3	4.42	25	12	0.022
J-#-1	9.67	25	14	0.019
J-4-1	7.32	25	12	0.021
J-4-2	7.18	25	10	0.020
C-1	10.91	25	8	0.150
C-2	5.81	25	7	0.200
C-3-1	10.97	25	8	0.150
C-3-2	8.16	25	9	0.300
C-3-3	5.67	25	10	0.250

续表

编号	长度/mm	直径/mm	孔隙度/%	渗透率/mD
C-#-1	8.16	25	9	0.300
M-1	5.22	25	9	0.490
M-2	8.31	25	12	0.610
M-3-1	10.28	25	10	0.870
M-3-2	8.34	25	12	0.620
M-3-3	5.23	25	9	0.480
M-#-1	5.21	25	9	0.500

全岩矿物和黏土矿物含量见表 5.3，芦草沟组页岩脆性矿物以白云石为主，含有 13% 的白云石。延长组的致密砂岩脆性矿物以石英为主。百口泉组致密砾岩脆性矿物中石英、长石均占较高比例。页岩的黏土矿物含量约占 7%，致密砂岩的黏土矿物含量约占 15%，且以伊利石和伊蒙混层为主，具有较强的水敏效应。致密砾岩黏土矿物含量约占 0.7%，测试样品中未考虑砾石颗粒的影响，测试结果比实际黏土矿物含量占比偏高，实验中所采用的液体以蒸馏水为主。

表 5.3　全岩矿物及黏土矿物

编号	矿物组成/%					黏土矿物/%			
	石英	长石	方解石	白云石	黏土	伊利石	I/S混层	绿泥石	高岭石
J	23.7	56.5	0	13.1	6.7	21.0	0	55.0	24.0
C	70.5	9.2	1.6	3.9	14.8	33.0	43.0	20.0	4.0
M	36.8	48.8	13.7	0	0.7	14.0	44.0	20.5	21.5

压力传导仪主要由三部分组成，包括控制中心、注入系统和注液泵，如图 5.15 所示。注入系统的中心部件为夹持器，样品放入夹持器内部，用胶圈和固定螺丝进行密封，如图 5.16 所示。夹持器上下端口装有高精度的压力传感器，能监测上下两端的压力变化。实验时使夹持器下端维持一定压力（0.05 ~ 0.1MPa），上端由注液泵提供压力，经注入系统往岩心端面注液，控制中心实时控制注入压力，通过上下端压力的变化规律，研究致密储层压力传导的特征及相关机理。

结合上述实验仪器和方法，制定如下的实验步骤：（1）使用环氧树脂将标准岩心浇筑，待浇筑的样品达到封固强度后，将其切割为厚度 0.5 ~ 1mm 的小样品；（2）将样品放入夹持器，通过密封胶圈和固定螺丝进行密封，然后将其装入注入系统；（3）对注入系统抽 15min 真空，同时打开控制中心，开启对上下游压力的实时监测；（4）下游注液使压力维持在 0.1MPa，然后上游以 0.7MPa 的注入压力注液，直到上下游压力趋于平衡为止；（5）根据实验目的对样品重复注液或更换样品进行其他组实验，直到所有实验完成。

（a）控制中心　　　　　　　　（b）注入系统　　　　　　　　（c）注液泵

图 5.15　压力传递实验设备

图 5.16　夹持器

采用低场核磁共振测量系统测试样品的吸水特征，核磁设备如图 5.17 所示。磁场强度为 0.5T、脉冲间隔为 100μs、采样间隔为 4μs、扫面次数为 64。低场核磁信号由 Carr-Purcell-Meiboom-Gill（CPMG）脉冲序列得到，岩石中流体的弛豫时间可表示为[160]：

$$\left(\frac{1}{T_2}\right)_{total} = \left(\frac{1}{T_2}\right)_S + \left(\frac{1}{T_2}\right)_D + \left(\frac{1}{T_2}\right)_B \tag{5.1}$$

式中：$\left(\frac{1}{T_2}\right)_S$ 为表面弛豫；$\left(\frac{1}{T_2}\right)_B$ 为流体弛豫；$\left(\frac{1}{T_2}\right)_D$ 为分子扩散弛豫。受磁场强度与蒸

馏水体弛豫时间的影响，流体的弛豫时间主要取决于表面弛豫，岩石表面的弛豫可表示为：

$$\left(\frac{1}{T_2}\right)_s = \rho 2 \left(\frac{S}{V}\right)_{pore} \qquad \frac{S}{V} = \frac{F_s}{r} \qquad (5.2)$$

式中：ρ_2 为弛豫率；$\dfrac{S}{V}$ 为孔隙比表面；F_s 为孔隙形状因子；r 为孔隙半径。因此，式（5.2）可表示成：

$$\left(\frac{1}{T_2}\right)_s = \frac{F_s}{r} \rho 2 \qquad (5.3)$$

令 $\dfrac{1}{\rho_z F_s} = C$，则 $T_2 = Cr$。如果岩心已定，弛豫率 ρ_2、孔隙形状因子 F_s 均可看成常数（SY/T 6490—2014《岩样核磁共振参数实验室测量规范》）。由式（5.3）可以看出，T_2 与 r 成正比。根据上述方法，采用以下实验步骤：（1）实验前将样品烘干，测试样品的初始 T_2 信号；（2）将样品泡水 48h，测试泡水后的 T_2 信号值；（3）对比两次信号变化的幅度和对应的 T_2 信号值得出所用样品的吸水特点。

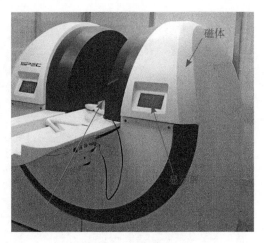

图 5.17　核磁设备

5.2.3　实验结果

根据实验的设计可知，上游压力维持在稳定值，下游压力随时间的增加缓慢增加，如图 5.18 所示。定义下游压力由开始上升计时，趋于稳定时计时为终止，所需要的时间即为平衡时间 T，单位为 h；不同岩心进行对比实验时，压力平衡时间受岩心厚度影响较大，为了便于比较，采用岩心厚度将平衡时间归一化，得到归一化平衡时间，归一化平衡时间越短代表压力传递的效率越高。上下游压力平衡时，下游压力不一定能够等于上游压力，上下游最终的压差是由渗透压等多种原因造成的。

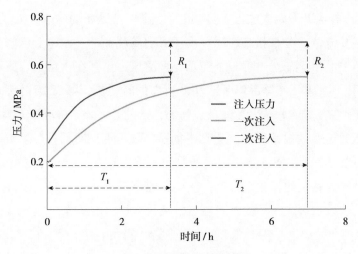

（a）上游和下游压力演化特征

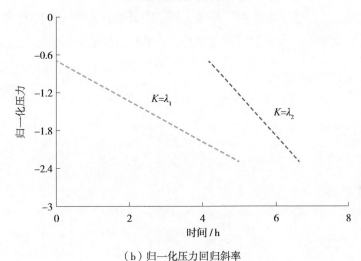

（b）归一化压力回归斜率

图 5.18　压力演化和回归曲线

下游压力在上升过程中，经历稳定上升的阶段，基于此阶段的数据对压力进行归一化，归一化压力斜率代表压力上升的速度，计算过程见式（5.4）和式（5.5）[164, 165]：

$$\ln\left(\frac{p_2-p_1}{p_2-p_0}\right) = -\frac{Ak}{\mu cVL}t \tag{5.4}$$

$$k = -\left[\frac{\ln\left(\dfrac{p_2-p_1}{p_2-p_0}\right)}{t}\right]\frac{\mu cVL}{A} = -(\text{slope})\frac{\mu cVL}{A} \tag{5.5}$$

归一化平衡时间（T）和归一化压力的斜率（λ）能够全面反映数据信息，采用上述两个参数对实验数据进行表征，同时对综合阻力问题进行进一步探讨。针对三个研究区块，每区块分别采用两个样品开展两次注入实验，由于实验岩心致密的属性，实验前未洗油，尽可能保持原始孔隙及流体的分布状态。第一次注入实验样品的含水饱和度较低，第二次注入实验样品基本处于饱和状态，如图5.19所示，上游压力维持在0.7MPa，下游压力由初始的0.1MPa逐渐上升，J-1和J-2样品第一次注液所需的时间长，第二次注液所需的时间较短。由于第一次注液孔隙初始含水饱和度较低，压力传递的效率差，待液体充满孔隙内部后进行第二次注液，压力传递的效率提高，达到平衡所需要的时间更短。C-1和C-2样品第一次注液所需的时间较短，第二次注液所需要的时间较长，是由于C-#样品黏土矿物含量较高，第一次注液过程导致黏土的膨胀、分散，使得孔隙产生了伤害。M-1和M-2样品第一次注液平衡时间较长，第二次注液平衡时间较短，且具有显著的差异，这是由于M-#样品注液后导致一些饶砾的弱面产生，使得第二次注液平衡时间大幅度下降。归一化压力的斜率与上述现场具有一致性。J-4-1和J-4-2样品上游和下游压力具有快速响应的特征，这是由于基质中含有细小的微裂缝，上下游存在压差时，压力沿着细小的微裂缝传递，不再受基质孔隙大小以及连通等因素影响。致密储层具有低孔、低渗透特征，井口快速的压力响应难以通过基质传压实现。

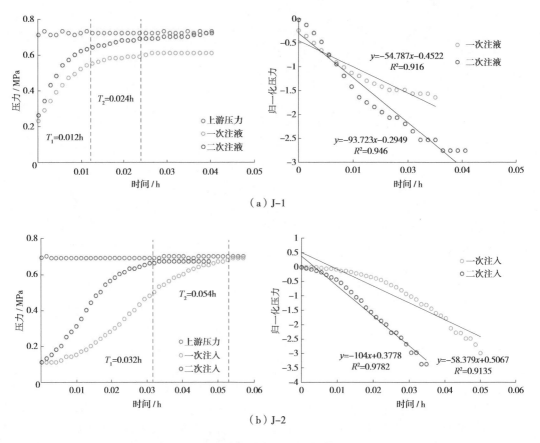

（a）J-1

（b）J-2

图5.19　两次注入实验压力传递

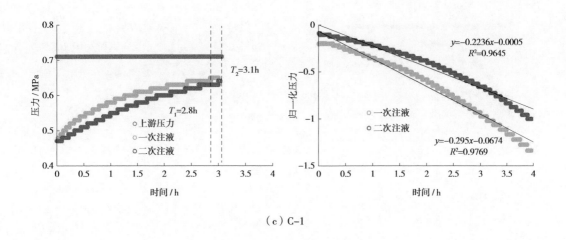

（c）C-1

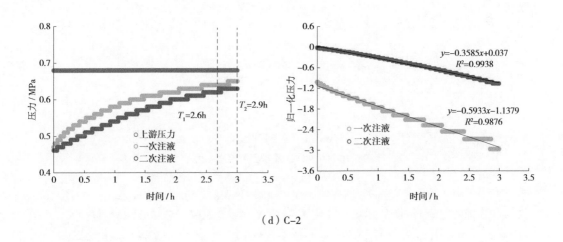

（d）C-2

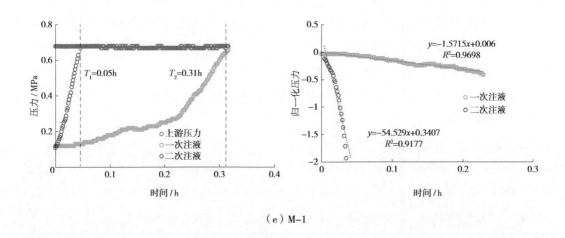

（e）M-1

图5.19 两次注入实验压力传递（续）

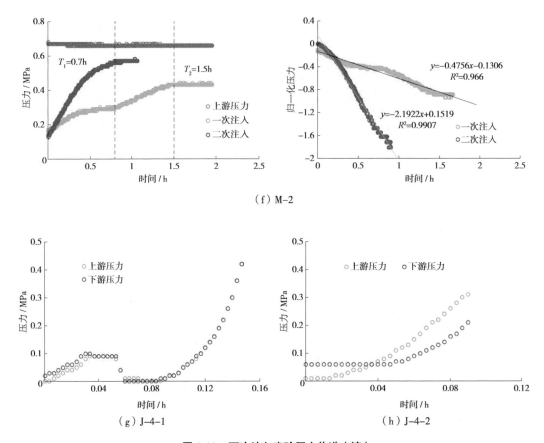

（f）M-2

（g）J-4-1　　　　　　　　　　　　　　（h）J-4-2

图 5.19　两次注入实验压力传递（续）

　　为对比岩性对压力传递的影响，取用 J-#-1、C-#-1、M-#-1 样品开展实验，岩性对压力传递的影响如图 5.20 所示。上游压力均设置为 0.7MPa，下游压力逐渐上升，J-#-1、C-#-1、M-#-1 样品分别经过 0.11h、0.24h、0.21h 达到平衡状态，J-#-1 和 C-#-1 样品压力上升较均衡、M-#-1 样品初期阶段压力上升较慢、后期阶段出现了一个压力迅速上升的时期，这是 M-#-1 样品接触液体后出现了微裂缝造成的。J-#-1、C-#-1、M-#-1 样品初期下游压力上升的斜率分别为 -10.67、-9.52、-1.49，也能看出初始阶段 J-#-1、C-#-1、M-#-1 样品下游压力上升的速度依次递减。压裂施工过程所需的时间较长，M-#-1 样品接触水后易产生微裂缝，极大提高压力传递的效率。

　　图 5.21 为压力传递深度的实验对比结果，J-3、C-3、M-3 样品分别采用不同的岩心厚度进行实验，J-3 样品厚度分别为 10.9mm、8.3 mm、4.5 mm，达到压力平时所需的时间分别为 0.055h、0.048h、0.022h。C-3 样品厚度分别为 10.9mm、8.2mm、5.7mm，达到平衡时所用的时间分别为 3.1h、0.3h、0.2h；M-3 样品厚度分别为 10.3mm、8.3mm、5.2mm，达到平衡时所用的时间分别为 0.95h、0.31h、0.1h。所需时间与归一化压力的斜率具有一致性，随着注入深度的增加，所需要的时间也增加，但是注入深度和达到平衡所用的时间遵循的

并非线性正相关关系。一方面是随着深度的增加，注入阻力增加的速度更快；另一方面是所需要的时间越长，储层孔隙受到的伤害越大，造成了上述现象。

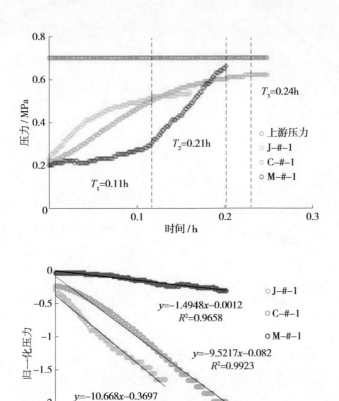

图 5.20　岩性对压力传递的影响

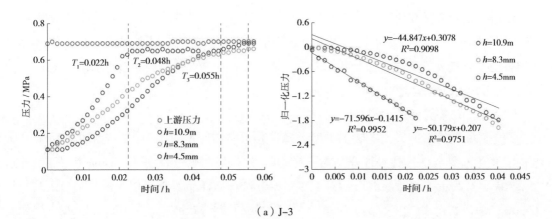

（a）J-3

图 5.21　压力传递深度

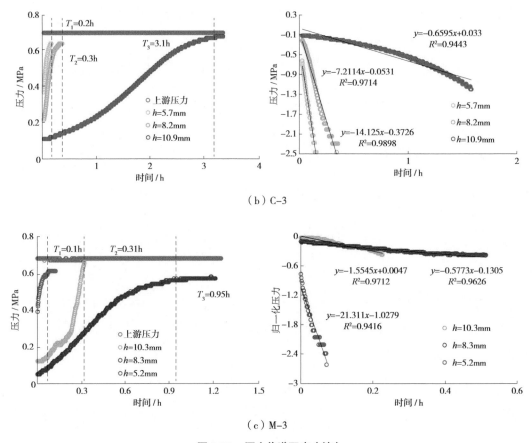

（b）C-3

（c）M-3

图 5.21　压力传递深度（续）

影响干扰区压力传递的因素众多，包括岩石本身物理性质、注入流体性质、流体注入后水—岩的相互作用等。本节主要根据岩石的渗透率、黏土矿物类型和比例、微观孔隙结构、吸水孔隙的特征与类型分析其对压力传递的影响。

（1）渗透率。

渗透率是岩石固有的属性，统计样品归一化平衡时间与渗透率之间的关系得到图 5.22。随渗透率增加，归一化平衡时间逐渐降低，干扰区压力传递效率提高。J-#、C-# 和 M-# 降低的幅度差异较大，受样品初始状态影响，原油在孔隙中分布、样品中水赋存状态、孔隙连通的情况等因素均是造成这种差异的原因。

（2）黏土矿物类型及比例。

黏土矿物的含量、黏土矿物的类型、每种黏土矿物所占的比例均影响液体注入后孔隙结构的演变。图 5.23 为代表性样品黏土矿物的类型及比例，J-1 和 J-2 样品伊蒙混层约占 75%、伊利石约占 10%、绿泥石约占 15%；C-1 和 C-2 样品伊蒙混层约占 50%、伊利石约占 30%、绿泥石约占 20%；M-1 和 M-2 样品伊蒙混层约占 50%、伊利石约占 5%、绿泥石约占 30%，同时约含有 15% 的高岭石。从黏土类型和比例对比来看，J-# 样品存在黏土吸

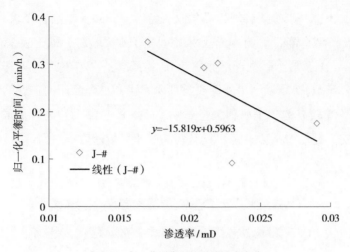

（a）J-#归一化平衡时间随渗透率变化

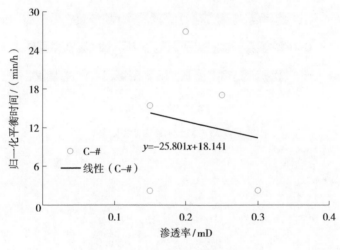

（b）C-#归一化平衡时间随渗透率变化

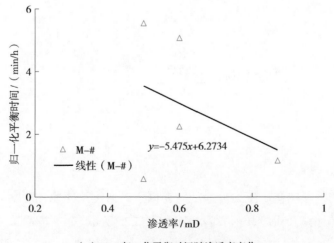

（c）M-#归一化平衡时间随渗透率变化

图 5.22　归一化平衡时间随渗透率的变化

胀的可能性较大。为进一步确认各组样品的吸胀特性，开展了毛细管吸水时间（CST）测试，J-# 和 C-# 样品吸胀性差异不大，M-# 样品采用去离子水实验时，黏土吸胀较严重。由表 5.3 可知，J-#、C-# 和 M-# 黏土矿物含量分别为 6.7%、14.8%、0.7%，C-# 样品的黏土含量显著高于其他两组样品。CST 测试结果如图 5.24 所示，由 C-2 样品压力传递的结果可看出，C-# 样品以伤害为主，受较高的黏土矿物含量影响。M-# 样品黏土矿物含量虽低，受砾石的影响，杂基和砾石交界处易产生微裂缝，具有较高的压力传递效率。

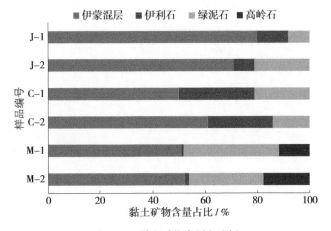

图 5.23　黏土矿物类型和比例

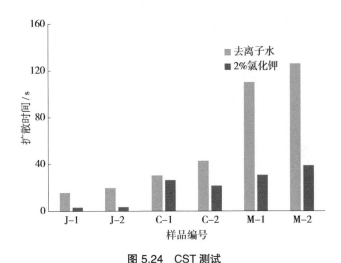

图 5.24　CST 测试

（3）微观孔隙结构。

微观孔隙结构是影响基质压力传递的重要因素，通过铸体薄片观察研究了三组样品的微观孔隙结构，铸体薄片观察孔隙发育情况如图 5.25 所示。J-# 样品以粒间溶孔、剩余粒间孔为主，并发育有一定程度的溶蚀缝；C-# 样品粒间溶孔为主，长石溶孔占一定比例；M-# 样品发育粒间溶孔和剩余粒间孔。

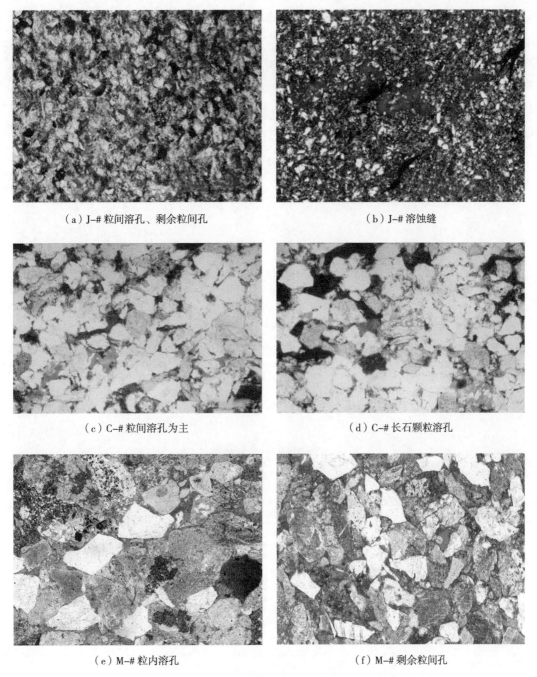

（a）J-#粒间溶孔、剩余粒间孔

（b）J-#溶蚀缝

（c）C-#粒间溶孔为主

（d）C-#长石颗粒溶孔

（e）M-#粒内溶孔

（f）M-#剩余粒间孔

图 5.25　铸体薄片观察孔隙发育情况

　　铸体薄片在一定程度上反映发育的孔隙类型，但是无法定量表征孔隙的相关参数，为定量分析孔隙结构和压力传递的特征，开展了高压压汞实验，结果如表 5.4 和图 5.26 所示。归一化平衡时间随毛细管半径的增加逐渐降低，毛细管半径越小，毛细管力越大，如果毛细管力以阻力的形式出现，会加剧这种现象。J-# 样品的中值压力最高，约为 30MPa。M-#和 C-# 样品的中值压力差异不大。M-# 样品的排驱压力最小，只有 0.5MPa 左右，但是其孔喉半径最大，约为2μm。对于平均毛细管半径，M-#样品的最好，其次为C-#样品和J-#样品。可以看出，M-#样品的压力传递效率高，一方面是水岩相互作用引起的砾缘微裂缝导致，另一方面其孔喉配置较好，为压力传递提供了良好的岩石物理基础。

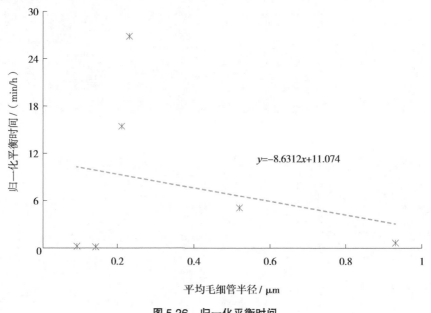

图 5.26　归一化平衡时间

表 5.4　高压压汞参数

研究区块	中值压力/MPa	排驱压力/MPa	最大孔喉半径/μm	毛细管半径/μm
J-1	30.4	4.3	0.48	0.14
J-2	27.1	4.1	0.27	0.09
C-1	5.54	1.36	0.54	0.21
C-2	4.37	2.75	0.85	0.23
M-1	6.13	0.35	3.53	0.93
M-2	12.47	0.89	1.73	0.52

（4）孔隙吸水特征。

针对研究区的三组样品，各取两块岩样进行了吸水核磁共振监测实验，观察吸水的容量以及各类吸水孔隙所占的比例，如图5.27所示。J-#和C-#样品吸水量少，且小孔和微裂缝均占有相应比例。M-#样品吸水量较大，但是均以小孔隙为主，说明M-#样品具有快速、大量吸水的特点，有助于提高干扰区压力传递效率。

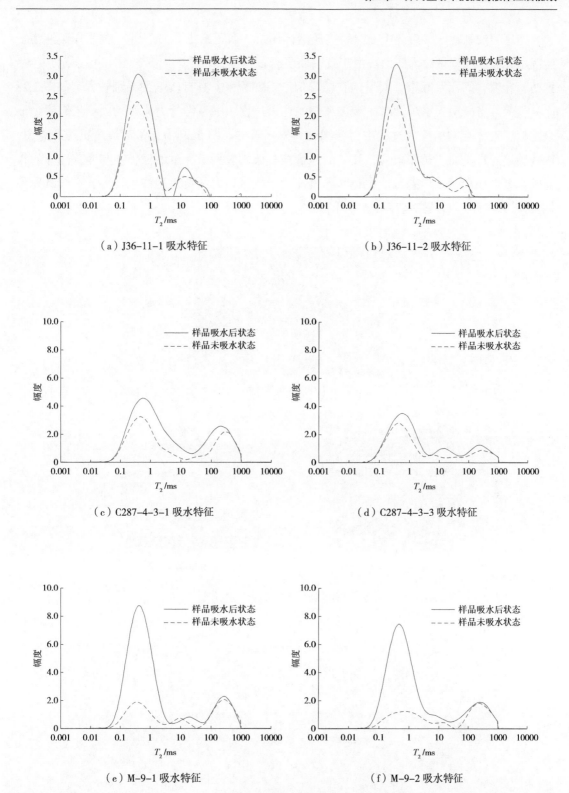

图 5.27　孔隙吸水特征

随压裂液的注入，裂缝中充满了高压液体体系，如图5.28（a）所示，高压压裂液为干扰区压力的传递提供注入压力。由于致密储层岩石为多孔介质，如图5.28（b）所示，包括骨架、孔隙空间以及喉道，大量的孔隙类似于毛细管束，具有较强的毛细管力。如图5.28（c）所示，当储层为水湿性时，液体在初始注入过程中，毛细管力充当动力；当储层为油湿性时，液体在初始注入过程中，毛细管力充当阻力。图5.29为化学渗透压机理示意图，致密储层通常具有半透膜效应，注入的压裂液一般为较低矿化度的液体，与储层液体的较高矿化度形成离子浓度差，产生化学渗透压。干扰区压力的传递是注入压力、毛细管力和化学渗透压等多种力学效应综合作用的结果。

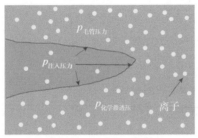

（a）压力传递微观机理

（b）微观孔隙局部示意图

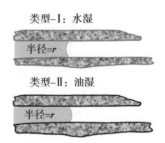

（c）水湿和油湿性毛管

图5.28 压力传递机理

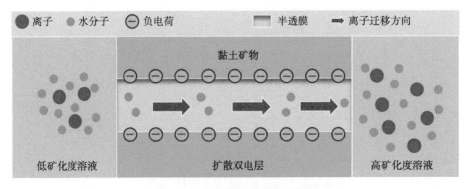

图5.29 化学渗透压机理示意图

压力平衡时间随样品厚度的增加而增加，模拟液体注入深度随时间的变化关系如图5.30所示。整体看出，随注入深度的增加，压力平衡时间呈指数增加趋势，J-3样品所需的时间变化较平缓，C-3样品所需的时间变化差异较剧烈，M-3样品平衡时间的变化趋势处于J-3和C-3样品之间。C-3样品所需的时间变化剧烈是由孔隙吸水后黏土矿物膨胀导致的。提高干扰区基质传压效率，利用压后裂缝中液体的能量，发挥井间干扰条件下压后液体的正面作用。

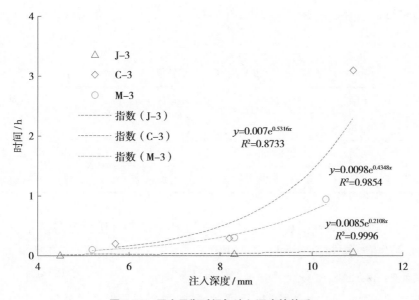

图 5.30 压力平衡时间与注入深度的关系

5.3 干扰区渗吸驱油实验

5.3.1 实验目的

由上述部分内容可知，井间干扰和压裂液的滞留受裂缝网络控制，最终要将压裂液作用于基质发挥渗吸驱油作用。不同类型的致密油储层自发渗吸驱油差异显著，影响因素和控制机理并不清楚，受压裂井间干扰后，各区受到的影响更复杂。本节利用鄂尔多斯盆地延长组、松辽盆地泉头组和准噶尔盆地芦草沟组致密砂岩开展静态自发渗吸和自发渗吸驱油实验，研究了渗吸驱油的影响因素及规律，讨论了干扰区微观孔隙能量补充的机理，有助于提高干扰区压后液体的能效。

5.3.2 实验过程

（1）实验材料。

实验用岩样均取自井下全直径岩心，来自三个不同的研究区，标号 X 的样品源自延长组，编号 CP 的样品源自泉头组，标号 J 的样品源自芦草沟组。鄂尔多斯盆地延长组致密油资源丰富，勘探开发已取得重要突破，属于湖相沉积；松辽盆地泉头组是典型的源下致密油，目前处于勘探开发的初级阶段，属于陆相沉积；准噶尔盆地芦草沟组致密油资源规模大，取得了良好的开发效果，属于湖相沉积。三个研究区的致密砂岩储层特征差异见表5.5。

表 5.5 致密储层特征

岩样编号	地层	岩性	沉积环境	盆地
X	延长组	致密砂岩	湖相沉积	鄂尔多斯盆地
CP	泉头组	致密火山岩	陆相沉积	松辽盆地
J	芦草沟组	页岩	湖相沉积	准噶尔盆地

利用覆压孔渗测定仪测定得到的三个地区岩心的平均孔隙度和渗透率物性参数见表5.6。X 样品平均孔隙度和渗透率最高，CP 样品次之，J 样品的平均孔隙度和渗透率最小。X 射线全岩矿物和黏土矿物高分辨衍射分析仪测定的岩块的全岩矿物和黏土矿物见表5.7。X 样品黏土含量最高，且矿物组成以蒙脱石为主；CP 样品石英含量较高，黏土矿物均为伊蒙混层；J 样品长石含量较高，黏土含量最低，仅为 5% 左右。

表 5.6 样品物性参数

岩样编号	地层深度/m	平均孔隙度/%	平均渗透率/mD
X	2530	8.27	0.0375
CP	2192	6.93	0.0142
J	2849	2.49	0.0012

表 5.7 XRD 矿物成分

编号	矿物组成 / %					黏土矿物含量 / %				
	石英	长石	方解石	白云石	黏土	伊利石	蒙脱石	I/S混层	高岭石	绿泥石
X	45.6	21.0	1.3	11.2	21.1	16.5	40	0	13.5	30.0
CP	59.6	21.1	0.1	2.7	16.7	0	0	100.0	0	0
J	11.9	39.9	13.2	29.8	5.2	24.6	0	56.7	0	18.7

（2）静态自发渗吸实验。

致密油储层属于多孔介质的范畴，理解多孔介质的水驱油机理需要认识毛细管力的作用，致密油自发渗吸的过程实质为液体在毛细管力作用下吸入液与油的两相流动。因此，需要开展自发渗吸实验，实验采用的液体为去离子水。自发渗吸实验设备如图 5.31 所示，将待测岩心悬挂于分析天平（梅特勒 ML204TE，精度 0.0001g），实时记录岩心吸入测试液体的质量，并将数据传输至电脑。自发渗吸实验步骤如下：①实验前测试岩样的尺寸、孔隙度和渗透率；②岩样柱在烘干箱中 105℃烘干，至质量不再变化为止；③待岩样冷却后悬挂天平上，然后将其浸没于待测液；④开启数据记录系统，实时监测岩心吸水质量变化；⑤进行数据分析，通过因次方法将数据归一化处理。

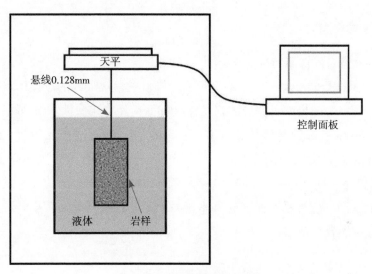

图 5.31 自发渗吸装置示意图

（3）核磁共振渗吸驱油实验。

低场核磁信号利用 CPMG 脉冲序列测试得到，渗吸驱油实验需要通过 NMR 信号检测岩样中油的分布状态。为避免水信号干扰，渗吸液为质量分数 20% 的氯化锰水溶液，加快水溶液的弛豫衰减，达到分离油水信号的目的。

本书所采用的实验设备为 Oxford-2M 型核磁共振仪，如图 5.32 所示。该设备的测量具有无损、测试速度快等特点。根据 SYT 6490—2014《岩样核磁共振参数实验室测量规范》，控制磁体和测量探头温度 35℃，等待时间 6S，回波间隔 0.20ms，扫描次数 128，回波个数 8192，保证仪器的信噪比高于 80%。渗吸驱油核磁共振实验步骤如下：①实验前测试岩样的基础数据、孔隙度和渗透率；②加压饱和与离心法建立束缚水饱和度；③加压条件下饱和混配原油，黏度为 1mPa·s；④不同实验条件下饱和氯化锰水溶液；⑤测试不同时刻 T_2 谱，最后对数据进行处理。

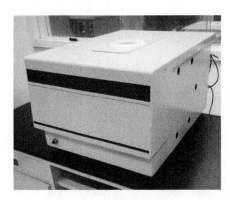

图 5.32　核磁共振设备

5.3.3　实验结果

（1）储层的静态自发渗吸特征。

如图 5.33 所示，受储层性质的影响，不同岩样自发渗吸吸入的液体体积随时间的变化差异较大，但是同一个区块或者层位的自发渗吸特征又具有相似性。CP 样品渗吸 80min 达到平衡状态，160min 渗吸的液体体积在 0.2 ～ 0.4mL 区间内；J 样品渗吸 1200min 达到平衡状态，1500min 渗吸的液体体积在 0.5 ～ 0.8mL 区间内；X 样品渗吸 5000min 达到平衡，7000min 渗吸液体体积在 0.1 ～ 0.35mL 之间。如图 5.34 所示，相同的外界条件下，受储层本身性质的影响，区块内渗吸平衡时间和平衡后稳定的渗吸量差别较小，区块间渗吸平衡时间及平衡后稳定渗吸量差别很大。

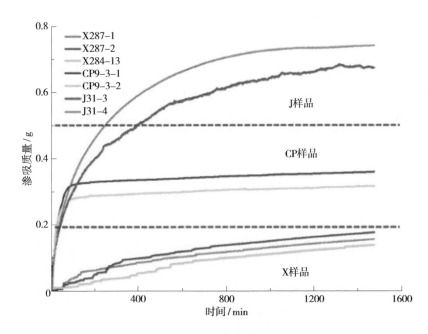

图 5.33　区块间渗吸质量随时间的变化对比

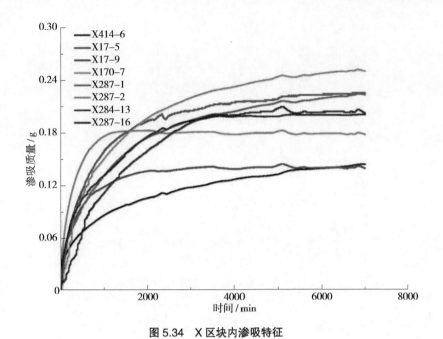

图 5.34　X 区块内渗吸特征

渗吸能力、渗吸速率是表征渗吸特征的重要参数。如图 5.35（a）所示，作单位面积渗吸体积与开根号时间的图。前人把渗吸的过程分为三个阶段（渗吸阶段、转换阶段、扩散阶段），渗吸阶段的斜率为渗吸速率 A_i，这是由毛细管力应用力占主要的情况下，液体快速进入孔隙的阶段。随着含水饱和度的增加，渗吸的速率降低，此阶段为转换阶段。随着时间的推进，毛细管中吸入的液体开始在孔隙内继续发生运移，此段为扩散阶段，扩散阶段对应的斜率为扩散速率 A_d。致密油储层具有微—纳米级孔隙、超低的初始含水饱和度、较高的有机质含量，是典型的非常规储层。扩散阶段也是区别于常规储层渗吸的一个显著标志，基于渗吸能力、渗吸速率表征致密油储层的渗吸特征显然已不能满足需求，基于渗吸能力、渗吸速率和扩散速率表征致密油的渗吸特征才能满足需求。

如图 5.35（b）所示，做出渗吸体积与孔隙体积的比和时间的关系图，得到渗吸能力 C_a。渗吸能力与渗吸速率、扩散速率的表达方法见式（5.6）至式（5.8）[80]：

$$\frac{V_{imb}}{A_c} = \sqrt{\frac{2P_c K\phi S_{wf}}{\mu_w}}\sqrt{t} \tag{5.6}$$

$$A = \sqrt{\frac{2P_c K\phi S_{wf}}{\mu_w}} \tag{5.7}$$

$$C_a = \frac{V_{exp}}{A_c \phi L} \tag{5.8}$$

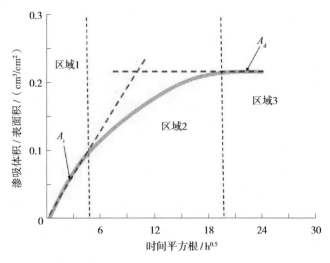

（a）渗吸的三个阶段、渗吸速率、扩散速率

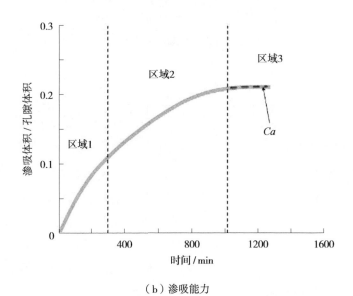

（b）渗吸能力

图 5.35　渗吸表征方法

　　根据式（5.6）至式（5.8）得到的测试岩样的渗吸表征参数如图 5.36（a）所示。X 区块的渗吸能力较 J、CP 区块差，J 区块内部的渗吸能力差异大，部分渗吸能力强。如图 5.36（b）所示，X 区块的渗吸速率较 J、CP 区块差，CP 区块的渗吸能力较强。如图 5.36（c）所示，与 J、CP 区块相比，X 区块样品的扩散速率差异不大，而且较稳定。渗吸的第一阶段主要受毛细管力控制，受储层的孔隙结构、类型及孔喉的匹配关系影响显著。渗吸的第三阶段，在毛细管力作用下，吸入的液体开始流动，并且对原油的流动产生影响。致密储层中，在较强的毛细管力作用下，流体可以进入较小的孔喉。此阶段富含黏土矿物的储层

与液体接触后，到达一定时间开始产生黏土膨胀，黏土矿物含量过高，会对储层中流体的流动造成不利的影响；黏土矿物含量适中，膨胀的黏土矿物压缩孔隙空间，孔隙内部的压力较容易升高，为致密储层在井间干扰条件下的排驱提供了一个良好的地质条件。

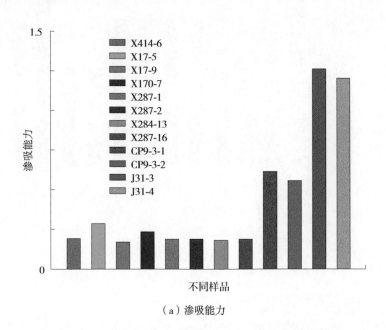

（a）渗吸能力

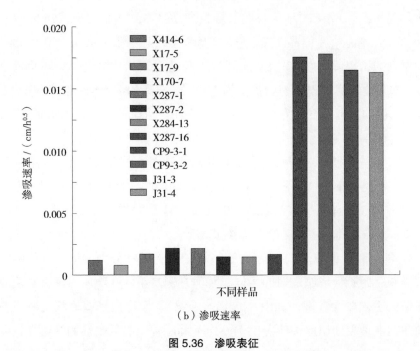

（b）渗吸速率

图 5.36　渗吸表征

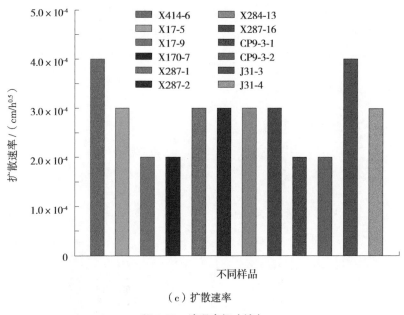

（c）扩散速率

图 5.36　渗吸表征（续）

（2）渗吸驱油潜力 T_2 谱特征。

T_2 谱反映岩石内部不同级别孔径中流体的分布规律，分析不同时刻 T_2 谱变化能掌握孔隙中流体运移的情况。X、CP、J 区块的岩样自发渗吸 0h、24h、96h、240h 后分别进行 T_2 谱监测，如图 5.37 所示。X 样品 T_2 谱呈现单峰状态，T_2 峰值主要分布在 100ms 附近，饱和油后测试得到初始幅值为 6000；CP 样品的 T_2 谱也呈现出单峰状态，T_2 峰值主要分布在 110ms 附近，饱和油后测试得到初始幅值为 3000；J 样品的 T_2 谱呈现出双峰状态，左峰为主峰，对应 T_2 值为 1.1ms，右峰为次峰，对应的 T_2 值为 60ms，两个峰饱和油后测试得到的初始幅值分别为 3500 和 800。

T_2 时间的大小与孔径相对应，T_2 幅值与孔隙体积密切相关。X 和 CP 岩样 T_2 时间的分布差异不大，且都集中于一个峰值，J 岩样的 T_2 时间较小，且呈现出两个峰值。整体来看，X 岩样、CP 岩样与 J 岩样相比，孔隙结构较简单，且 X 岩样孔隙体积也相对较大。J 岩样孔隙结构复杂，且以小孔为主，毛细管力渗吸充足。

如图 5.37（a）和图 5.37（b）所示，通过峰值线将单峰分为左侧和右侧两个部分，当 T_2 时间值在 100ms 附近，渗吸的时间相同，峰值左侧较小的孔隙中，渗吸动用原油所占比例要大于峰值线右侧较大孔隙。如图 5.37（c）所示，当 T_2 谱呈双峰状态时，左峰对应的峰值线两侧孔隙中渗吸动用原油所占比例差异不大，右峰渗吸驱油的规律性较弱。由此可以看出，充足的毛细管力是渗吸驱油的有利条件，渗吸动力充足是提高干扰区压后液体能效的有力保障。

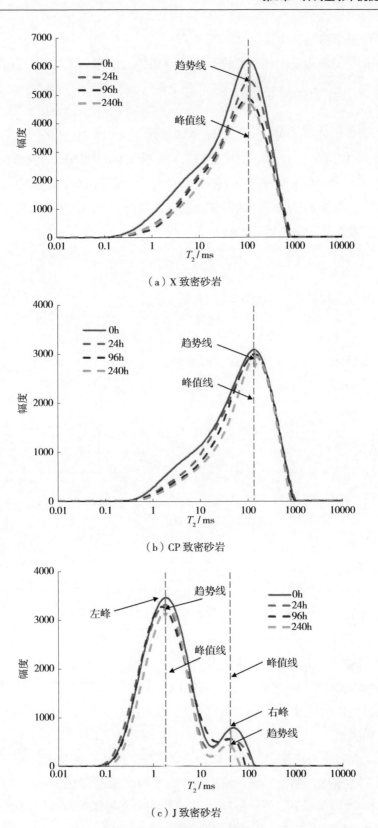

（a）X 致密砂岩

（b）CP 致密砂岩

（c）J 致密砂岩

图 5.37 渗吸驱油的 T_2 谱特征

（3）影响压裂液渗吸驱油作用的微观因素。

深入认识储层的渗吸驱油规律是提高压裂液能效的前提，采取行之有效的措施提高驱油效率。影响因素主要包括微观孔隙结构、黏土矿物类型和储层润湿性等。

①微观孔隙结构。

T_2 时间与岩样的孔径的对应关系如图 5.38 所示，分别为 X、CP、J 岩样饱和油初始 T_2 值与渗吸驱油 240h 后最终 T_2 值。相比较而言，X 样品和 CP 岩样的孔径较大，J 岩样的 T_2 谱呈现了双峰状态，且小孔径所占的比例更大。小孔径分布越多，渗吸的毛细管力越充足，渗吸的潜力越大，越有利于发挥压裂液在地层中的作用。不同孔径分布的 T_2 特征值差异显著，微观孔隙发育有助于提高压后能效。

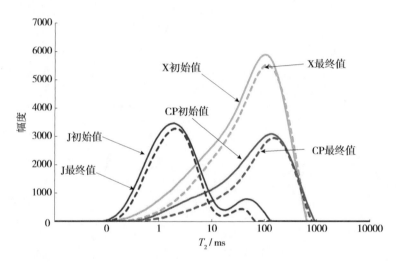

图 5.38　不同孔隙结构下的 T_2 谱

核磁共振的弛豫时间反映不同尺寸的孔隙所占比例，为了进一步观察储层的微观孔隙结构，对 X、CP、J 样品进行了做了扫描电镜（SEM）测试，如图 5.39 所示。图 5.39（a）为 X 样品的微观孔隙结构图，局部放大后显示孔隙较规则；图 5.39（b）为 CP 样品的微观孔隙结构图；图 5.39（c）为 J 样品的微观孔隙结构图，J 样品的小孔隙更多且孔径不规则，CP 样品的微观孔隙结构介于 X 样品和 J 样品之间。储层小孔径所占的比例更高，毛细管力更加充足，渗吸驱油的动力更足，充分发挥小孔径孔隙在渗吸中的作用，可利用"关井"手段延长压裂液与储层接触的时间，发挥压裂液能效，提高渗吸驱油采收率。

②黏土矿物类型。

黏土矿物类型及含量与储层的吸水膨胀关系密切，黏土矿物与压裂液相互作用后膨胀，使得孔隙结构发生改变，黏土矿物含量过高导致孔隙结构过度变形伤害储层，黏土矿物含量过低，膨胀的效果不明显，不能够使得孔隙结构变形带来的有益作用充分发挥，因此，适当的黏土矿物含量有助于提高压后液体的能效。

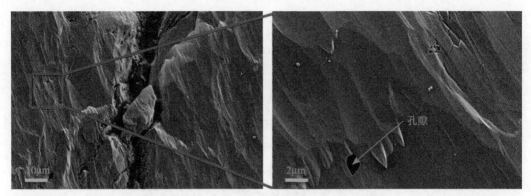

（a）X样品致密砂岩

（b）CP样品致密砂岩

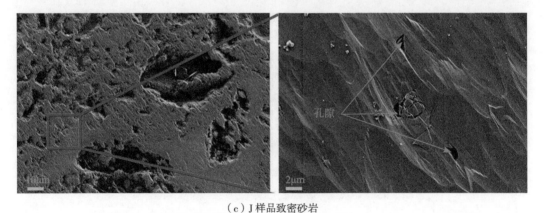

（c）J样品致密砂岩

图 5.39　SEM 特征

　　如图 5.40 所示，图 5.40（a）是研究区全岩矿物（黏土矿物、石英和长石、方解石和白云石）分类结果。X 区黏土矿物差异较大，白云石和方解石与黏土含量所占比例相当，石英和长石所占比例最高；CP 区石英和长石所占比例最大，黏土矿物含量次之，方解石和白云石所占比例较少；J 区方解石和白云石所占比例较高，黏土含量较低。J 区黏土含量最低，X 区和 CP 区黏土含量所占比例相当。但是，如图 5.40（b）所示，X 区黏土含量以伊蒙混层为主，同时含有一定比例的伊利石和绿泥石，CP 区均为伊蒙混层，J 区还含有一定比例的高岭石。伊蒙混层和绿泥石属于水敏性矿物，压裂液与储层相互作用后易膨胀，孔隙结构变形，提高压裂液渗吸驱油的作用。

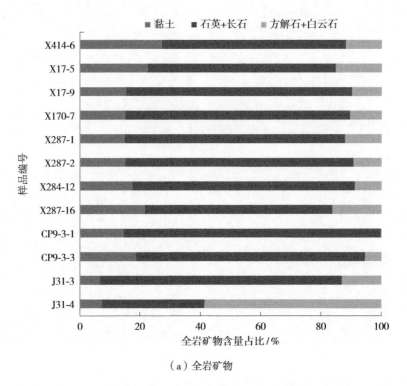

（a）全岩矿物

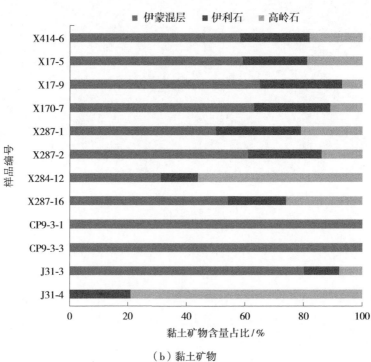

（b）黏土矿物

图 5.40 全岩矿物与黏土矿物组成

③储层的润湿性。

润湿角是表征储层润湿性最直接的方法，定义为一种液体在一种固体表面铺展的能力或倾向性。本书使用油水两相的方法测试了三种岩石的润湿性，如图 5.41 所示。图 5.41（a）（b）（c）分别是 X 区块、CP 区块和 J 区块储层的润湿角测试结果。将油滴在浸润在蒸馏水的岩样上，得到样品在水中的润湿角，X 区块、CP 区块和 J 区块储层的润湿性均为中性偏水湿。水湿性越强的储层，压裂液在岩样表面吸附性越强，渗吸驱油的潜力越大。在压裂的过程中，使用润湿性改善剂使得储层的润湿性改变，充分发挥致密储层中压后液体的能效。

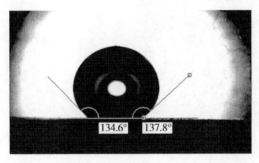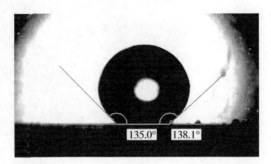

（a）X 样品的润湿角

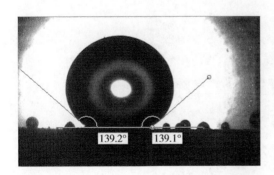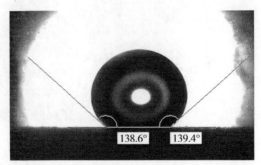

（b）CP 样品的润湿角

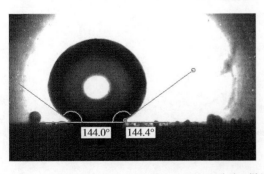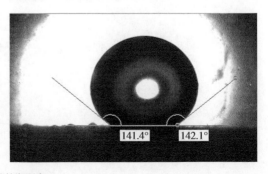

（c）J 样品的润湿角

图 5.41 润湿角测试

　　黏土膨胀是提高压裂液能效的重要因素，黏土矿物膨胀导致油重新分布的示意图如图 5.42 所示，图 5.42（a）为黏土膨胀前，图 5.42（b）为黏土膨胀后。压裂液进入储层后产生水—岩相互作用，利用压裂液的物理化学效应，黏土矿物膨胀导致孔隙结构变形，不仅有助于微孔隙中原油的排出，还能够为微观孔隙补充能量，利于维持长期的稳产。

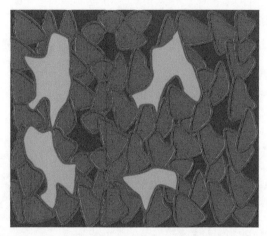

（a）膨胀前

（b）膨胀后

图 5.42　黏土矿物膨胀导致油重新分布示意图

第6章　压裂井间干扰控制方法

上述章节阐述了压裂井间干扰的形成机理、压裂裂缝网络的连通规律，进行了井间主动干扰提高干扰区压后液体能效的研究。压裂裂缝网络是控制压裂井间干扰和提高干扰区压裂液能效的关键。裂缝过度扩展引起沟通带来诸多负面效应，应降低压裂井间干扰的负面影响，提高压裂液的能效。因此，对控制对象进行分类，主动利用压裂井间干扰，以"抑制主裂缝过度扩展、提高干扰区压裂能效"为指导思想，提出压裂井间干扰的控制方法。

控制对象分为不可控因素和可控因素，针对不可控因素进行优选，针对可控因素加以控制。控制对象分类如图6.1所示，可优选因素包括天然裂缝、原生断层、原地应力、岩石种类、岩石物性、力学参数、矿物类型、缝面的粗糙情况和孔隙压力；可控因素包括井距设计、施工规模控制、压裂液的优选和压裂干扰产生的扰动压力利用。由能量守恒原理可知，注入地层中的压裂液总能量一部分用于返排，另一部分作用于地层，作用于地层的能量又可分为压裂裂缝系统中的能量和基质中的能量。发挥压裂裂缝系统中能量的作用，并最终作用于基质，这是提高压后液体能效的重要途径。

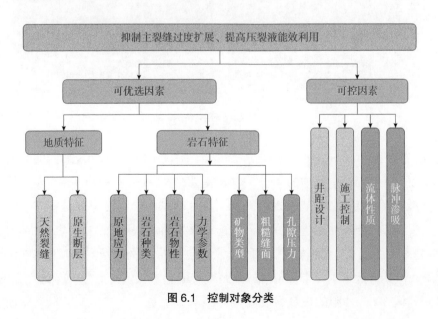

图6.1　控制对象分类

6.1　同步压裂抑制压裂缝过度增长

为抑制压裂裂缝的过度增长，采用"同步压裂"实现裂缝扩网等工艺控制主裂缝的扩展，实现压裂缝网的均匀分布。相同井距下，压裂有时会因天然裂缝带／断层沟通引起串扰，严重制约后期开发。天然裂缝带／断层串扰一般发生在大天然裂缝、断层或破碎带，提前封堵复杂天然裂缝带／断层或压裂过程中使得裂缝转向，能够降低断层串扰带来的负面影响。可采用暂堵转向综合技术，压裂转向技术主要是通过在压裂过程中向地层中注入具有一定抗压强度的可溶性暂堵剂，利用其对老裂缝或断层进行有效暂堵来提升缝内净压力，开启老裂缝附近的次级裂缝和微裂缝，实现裂缝的转向，抑制天然裂缝带／断层沟通引起的负面干扰，如图 6.2 所示。

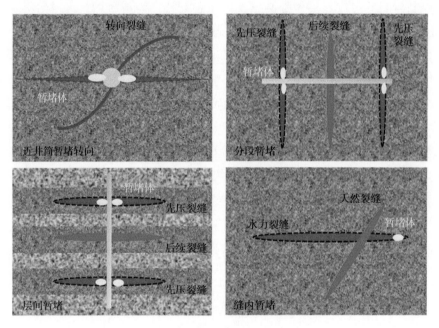

图 6.2　裂缝暂堵转向过程

通过 4.3 节井距对压裂井间干扰的分析可知，井距较小会产生较大程度的负面井间干扰，井距较大会降低储层中原油的动用，数值模拟表明 200m 左右的井距产生适度干扰，对研究区的生产有利。沿用 2.3 节的方法，基于吉木萨尔页岩油压裂过程中产生的干扰类型及程度，通过 PIF 参数对井距进行优选，优选结果如图 6.3 所示。井距为 200m 时，每级干扰的平均 PIF 值约为 0.45。根据表 2.4 可知，处于支撑裂缝沟通型内、以自支撑裂缝为主要的沟通介质、但又接近于压力干扰型时的井距较合适，与数值模拟分析得到的 200m 井距较为吻合。研究区 300m 井距的设计需要在原井距基础上进一步缩小，实现更高程度的储层动用。

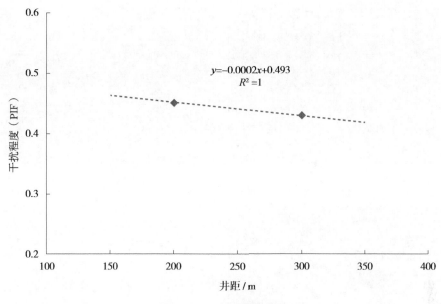

图 6.3 PIF 与井距的关系

在合理井距的前提下，邻井压裂或者生产导致地应力场的变化，影响压裂井的裂缝扩展，进而影响两井裂缝的连通情况。本节通过向已压裂井中注入高压压裂液，模拟了处于压裂后高压状态的邻井，采用已压裂井生产模拟生产导致的地应力场变化展开对邻井裂缝扩展的影响研究。本部分所使用的数学模型在 4.1 节已做详细介绍，不再赘述；模型数据输入与 4.2.1 节保持一致。对左侧的井先进行裂缝扩展模拟，然后继续注液或产液，受孔隙压力影响后，应力场发生改变，在变化后的应力场中对右侧的井继续进行裂缝扩展模拟，观察裂缝扩展状态及其井间裂缝连同情况，进而认识压裂井间干扰情况。图 6.4（a）（b）为未压裂时水平最小地应力和水平最大地应力。左侧的井压裂后，地应力场重新分布，如图 6.4（c）（d）所示。在变化的应力下对右井进行压裂，如图 6.4（e）所示。被干扰井的裂缝形态如图 6.4（f）所示，形成的裂缝分布较均匀，同时也说明右侧井进行压裂时，所处的应力状态易于形成较均匀的裂缝网络。

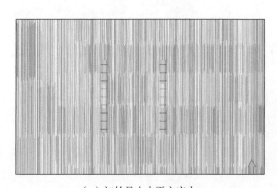
（a）初始最小水平主应力

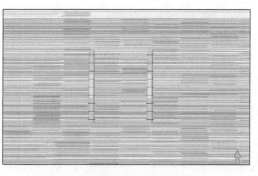
（b）初始最大水平主应力

图 6.4 应力场变化及对邻井裂缝形态的影响

 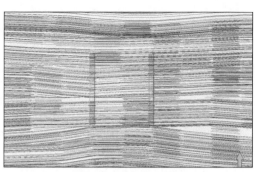

（c）压后最小水平主应力　　　　　　　　　　（d）压后最大水平主应力

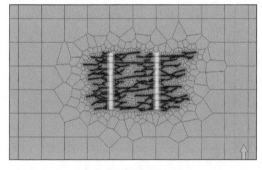 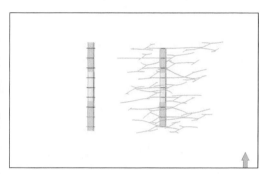

（e）两口井的裂缝网络　　　　　　　　　　　（f）邻井裂缝形态

图 6.4　应力场变化及对邻井裂缝形态的影响（续）

已压裂井裂缝中充填高压压裂液，导致近缝面基质中的孔隙压力升高，岩体变形，缝内高压流体充填，孔隙压力变化协同作用导致地应力场发生变化，如图 6.5 所示。注液量不同导致最大水平主应力和最小水平主应力变化也有明显的差异。压裂井中注液模拟地层压力升高的过程，注液 1800m³、3600m³、5400m³ 导致近井孔隙压力由 37MPa 上升为 45.6MPa、51.8MPa、56.8MPa，如图 6.6（a）所示。注液 1800m³、3600m³、5400m³ 导致最大水平主应力由 59MPa 上升为 64MPa、66.8MPa、69.2MPa；注液 1800m³、3600m³、5400m³

 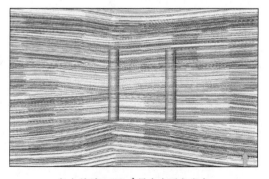

（a）注液 1800m³ 最小水平主应力　　　　　　（b）注液 1800m³ 最大水平主应力

图 6.5　孔隙压力升高导致应力场变化

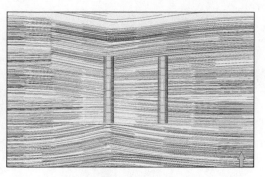

（c）注液 3600m³ 最小水平主应力 　　　　　（d）注液 3600m³ 最大水平主应力

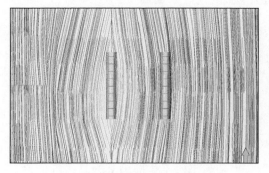

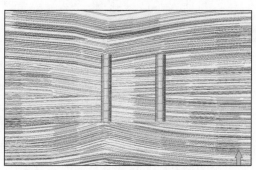

（e）注液 5400m³ 最小水平主应力 　　　　　（f）注液 5400m³ 最大水平主应力

图 6.5　孔隙压力升高导致应力场变化（续）

导致最小水平主应力由 50MPa 上升为 54.7MPa、57MPa、59MPa。孔隙压力上升导致最大水平主应力和最小水平主应力上升幅度不同，且孔隙压力上升得越快，最大水平主应力上升的幅度越大，如图 6.6（b）所示。

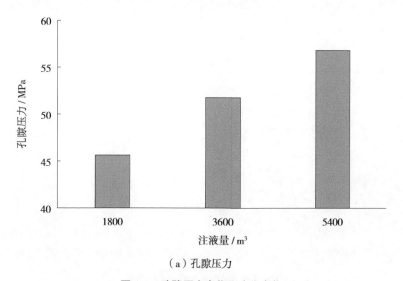

（a）孔隙压力

图 6.6　孔隙压力变化和应力变化

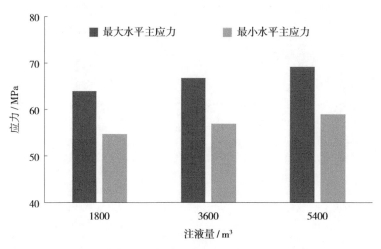

（b）最大水平主应力和最小水平主应力

图 6.6　孔隙压力变化和应力变化（续）

受邻井压裂地应力场变化的影响，后压裂井裂缝扩展过程有显著差异，如图 6.7（b）（d）（f）所示。注液增加 1800m³，最大水平主应力和最小水平主应力差的增加超过了 2MPa，随着邻井注入压力的升高，最大水平主应力和最小水平主应力都升高，且最大水平主应力升高的幅度大于最小水平主应力升高的幅度，因此受注液的影响，地应力差逐渐增大，如图 6.8 所示。后压裂的井裂缝整体趋向于水平应力场快速增加的反方向扩展，且水平应力差变化得越快，被干扰井形成的裂缝网络非对称扩展越严重。

新井压裂时，若附近存在生产的老井，老井生产导致孔隙压力下降，进而使得最大水平主应力和最小水平主应力下降。通过生产使得孔隙压力下降来模拟这一现象，如图 6.9 所示，产液量增加，最大水平主应力和最小水平主应力均有所下降，且产液量越多，孔隙压力下降得越明显，导致最大水平主应力和最小水平主应力下降得越快。

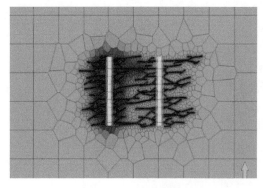

（a）注液 1800m³ 孔隙压力

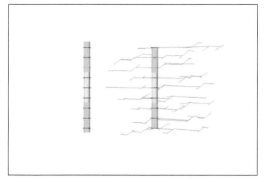

（b）注液 1800m³ 邻井裂缝扩展

图 6.7　应力场对邻井裂缝扩展的影响（注液）

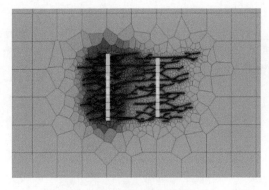

（c）注液3600m³孔隙压力

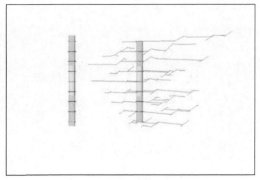

（d）注液3600m³邻井裂缝扩展

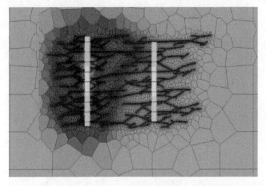

（e）注液5400m³孔隙压力

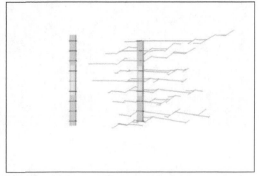

（f）注液5400m³邻井裂缝扩展

图6.7　应力场对邻井裂缝扩展的影响（注液）（续）

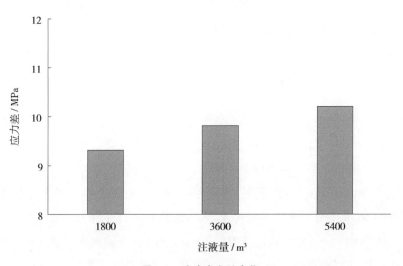

图6.8　注液应力差变化

（a）产液 1800m³ 最大水平主应力

（b）产液 1800m³ 最小水平主应力

（c）产液 3600m³ 最大水平主应力

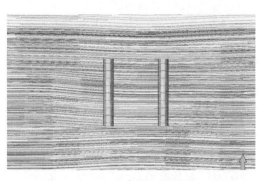
（d）产液 3600m³ 最小水平主应力

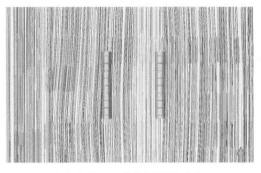
（e）产液 5400m³ 最大水平主应力

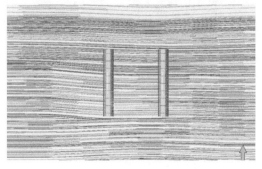
（f）产液 5400m³ 最小水平主应力

图 6.9　孔隙压力降低导致应力场变化

产液 1800m³ 时，监测点孔隙压力下降超过 2MPa，最大水平主应力和最小水平主应力均有所下降，孔隙压力和应力变化如图 6.10 所示。随着液体的产出，孔隙压力继续下降，最大水平主应力和最小水平主应力继续下降。

最大水平主应力下降的速度快于最小水平主应力下降的速度，导致水平主应力差逐渐降低，如图 6.11 所示，最大水平主应力和最小水平主应力差由未产液的 9MPa 逐渐下降到产液 5400m³ 时的 8MPa。进而导致后压裂井裂缝扩展时更容易向压力沉降区延伸。如图 6.12 所示，压裂缝网的非对称扩展，使得改造区裂缝分布不均匀，影响储层的动用。与此同时，裂缝过度向低应力区扩展更容易形成井间裂缝的串扰。

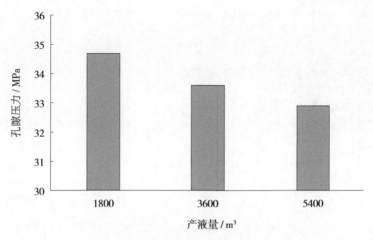

（a）孔隙压力随产液量的变化

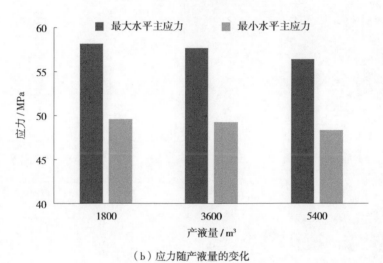

（b）应力随产液量的变化

图 6.10　孔隙压力和应力变化

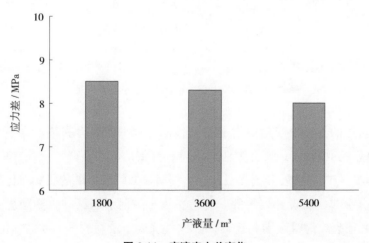

图 6.11　产液应力差变化

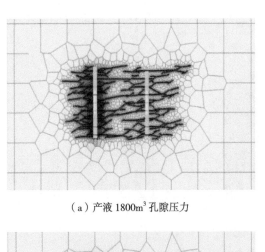
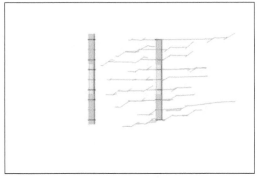

（a）产液 1800m³ 孔隙压力　　　　　　　　　（b）产液 1800m³ 邻井裂缝扩展

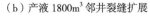
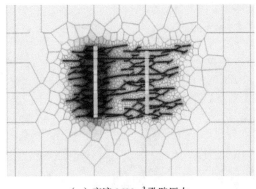
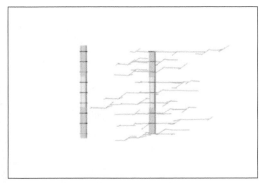

（c）产液 3600m³ 孔隙压力　　　　　　　　　（d）产液 3600m³ 邻井裂缝扩展

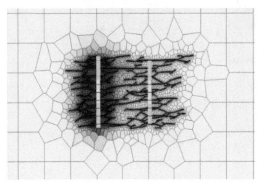
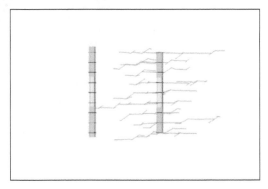

（e）产液 5400m³ 孔隙压力　　　　　　　　　（f）产液 5400m³ 邻井裂缝扩展

图 6.12　应力场对邻井裂缝扩展的影响（产液）

　　地层孔隙压力的上升引起地应力上升，且最大水平主应力和最小水平主应力差增大，临井裂缝的扩展受到抑制。地层孔隙压力下降，导致地应力下降，且最大应力和最小应力差降低，导致临井裂缝的扩展受到吸引，应力场对邻井裂缝扩展的影响对比如图 6.13 所示。应力场的变化会引起后压裂井裂缝的非对称扩展，进而引起两井之间裂缝连通性的改变。与已生产井邻井压裂裂缝受吸引相比较，临井裂缝处于较高的压力状态，但压力状态又不过度高，后压裂井进行压裂时，有利于抑制过度的井间干扰，同时有利于后压裂井扩大改

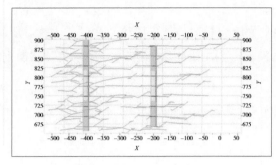

（a）注液 1800m³ 两井裂缝分布

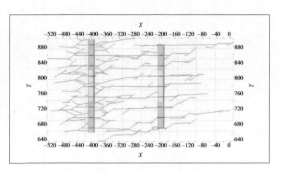

（b）产液 1800m³ 两井裂缝分布

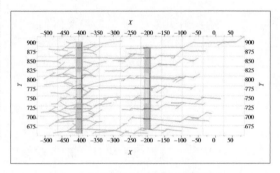

（c）注液 3600m³ 两井裂缝分布

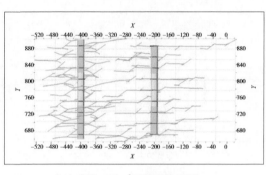

（d）产液 3600m³ 两井裂缝分布

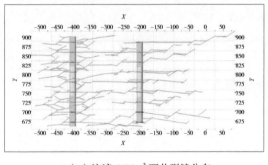

（e）注液 5400m³ 两井裂缝分布

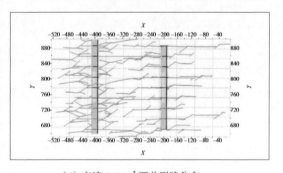

（f）产液 5400m³ 两井裂缝分布

图 6.13　应力场对邻井裂缝扩展的影响对比

造面积。因此，采用同步压裂以及老井补能压裂有利于提高动用程度，且能防止裂缝的过度扩展，还能形成分布均匀的裂缝网络。

采用同步压裂时，缝内充填的高压流体没有充足的时间向近缝面基质扩散，孔隙压力基本不变，邻井进行压裂时采用相近的压裂工艺和参数，两井之间的应力场较均衡，使得后压裂井的裂缝分布较均匀，两井之间会产生正面干扰。在老井附近压裂新井时，老井中的孔隙压力显著下降，导致应力场分布不均衡，老井对新井产生的裂缝具有吸引作用，新压裂井的裂缝会向老井过度扩展，造成过度的井间干扰。若对已生产的老井进行补能压裂，虽然长期的生产导致孔隙压力下降，但是老井的裂缝系统中充填高压压裂液，有利于地应力场更加均衡，在邻井裂缝扩展的过程中产生的裂缝也相对均匀，以产生适度的干扰。压裂情形对裂缝扩展及井间裂缝连通性的影响见表 6.1。采用同步压裂使得应力场更加均衡，两井之间的裂缝展布更均匀，实现更多的正面井间干扰。

表 6.1　压裂情形对裂缝扩展及井间裂缝连通性的影响

压裂情形	孔隙压力	地应力场	新井裂缝扩展	井间裂缝连通
同步压裂	基本不变	应力场均衡	裂缝均匀分布	正面干扰
老井附近压新井	孔压下降	应力场不均衡	老井吸引新井裂缝	过度干扰
老井补能压新井	孔压下降	应力场相对均衡	裂缝扩展较均匀	适度干扰

6.2　粉砂扩网抑制压裂缝过度增长

（1）实验材料。

越来越多的粉砂用于致密储层体积压裂，除能够有效降低压裂成本之外，粉砂在裂缝扩展中的其他作用并不明确。为探究粉砂在体积裂缝缝端的运移规律、分布状态和对裂缝扩展的影响，本节选用了松辽盆地营城组致密火山岩和四川盆地龙马溪组页岩样品，火山岩的平均杨氏模量、泊松比以及黏土矿物含量分别为 25GPa、0.15、30%；页岩的平均杨氏模量、泊松比以及黏土矿物含量分别为 20GPa、0.28、35%。石英砂为 70/100 目、100/140 目两种类型，除岩心和石英砂外，辅助材料还包括瓜尔胶、蒸馏水、垫片和防水塑封胶带等，实验材料如图 6.14 所示。瓜尔胶与蒸馏水配成所需黏度的携砂液，加入粉砂后通过悬砂器形成稳定的含砂体系。标准岩心（直径 25mm×长 50mm）沿中轴线劈成两部分，使其一端直接接触，另一端放入垫片，外侧使用塑封胶带包裹来模拟体积裂缝缝端。

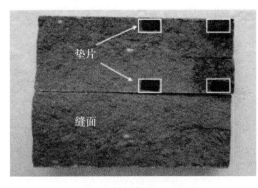

（a）岩心

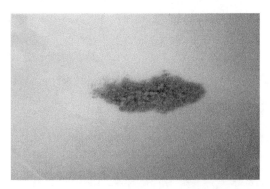

（b）粉砂

图 6.14　实验材料

（2）实验方法。

粉砂未进入模拟裂缝前，形成较稳定的悬砂液体系以及体积裂缝缝端的模拟是完成实验的两项关键问题。为了形成稳定的悬砂液体系，采用动滤失分析仪。图6.15（a）为设备的示意图；采用劈裂裂缝一端形成缝口、一端半封闭的形式模拟体积裂缝缝端，达到物理相似和几何相似。图6.15（b）为体积裂缝模拟缝端示意图。根据目的配置不同类型的悬砂液，通过悬砂器形成稳定的悬砂体系，并输送至模拟体积裂缝缝端，完成不同条件下的粉砂分布实验。

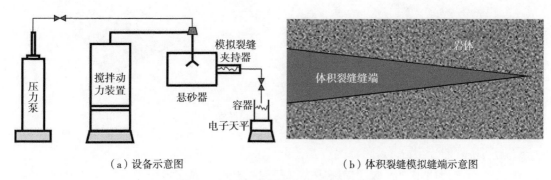

（a）设备示意图 （b）体积裂缝模拟缝端示意图

图6.15 实验设备及体积裂缝缝端示意图

实验步骤：①将岩心沿中轴线劈裂，进行缝面形貌扫描，得到三维缝面形貌；②使缝面的一端直接接触，另一端通过垫片形成具有一定开度的缝口，使用防水塑封胶带将岩心包裹，然后放入夹持器，并把围压加到2MPa，测量缝口开度；③将配置好的含砂液缓慢倒入悬砂器，打开搅拌动力装置，悬砂器中形成稳定的粉砂体系；④将排量设定为15mL/min，启动注液泵，监测模拟裂缝中压力的变化，待电子天平增加的质量稳定后，停止注液，得到稳定压力；⑤拆下岩心，测量粉砂在岩心缝面的最长运移距离，根据实验条件重复步骤②③④⑤，直到全部实验完成。

（3）结果与讨论。

①缝端裂缝面形貌表征。

缝面形貌是影响粉砂运移的重要因素，大尺度支撑剂运移实验或数值模拟常假设裂缝面光滑，忽略了粗糙缝面对支撑剂运移的影响。体积裂缝缝端尺度较小，缝面粗糙度是重要影响因素，实验前通过复杂性三维光学测量系统（TNS-M）进行了缝面表征。设备的有效扫描面积大于 $200mm \times 150mm$，单面范围内最佳测量精度为 $0.02mm$，单幅测量时间小于 $5s$。V-1、V-2、V-3为三组火山岩样品，S-1、S-2、S-3为三组页岩样品，岩样裂缝面形貌如图6.16所示。根据样品粗糙度的标尺和三维形貌特征可知，火山岩样品中粗糙度由大到小顺序为 V-1、V-2、V-3，页岩样品中粗糙度由大到小顺序为 S-1、S-2、S-3，缝面形貌的表征为粉砂分布影响因素的研究打下基础。

（a）V-1 　　　　　（b）V-2 　　　　　（c）V-3

（d）S-1 　　　　　（e）S-2 　　　　　（f）S-3

图 6.16　岩样裂缝面形貌

②缝端粉砂的分布特征。

携砂液经模拟体积裂缝缝端逐渐滤失，受缝端开度、缝面粗糙度、压裂液黏度和粉砂尺寸的影响，滤失达到平衡后，粉砂在裂缝中的分布具有显著差异。粉砂在裂缝中的最长运移距离、平衡时裂缝中的压力是表征粉砂运移的代表性参数。如图 6.13 所示，实验完成后，粉砂在不同条件下分布形态各异。图 6.17 中白色线条标出了粉砂在裂缝中的最长运移距离，最短的运移距离约为 25mm，最长的运移距离约为 40mm，火山岩样品中粗糙度由大

（a）V-1 　　　　　（b）V-2 　　　　　（c）V-3

（d）S-1 　　　　　（e）S-2 　　　　　（f）S-3

图 6.17　粉砂分布特征

到小顺序为 V–1、V–2、V–3，页岩样品中粗糙度由大到小顺序为 S–1、S–2、S–3，因此，裂缝面越是粗糙，粉砂的最长运移距离越受限，随着缝面粗糙度的增加，粉砂和缝面的摩擦力增加；同时，缝面越粗糙，凹凸变化越大，为粉砂的留存提供一定的空间。

③粉砂分布的影响因素。

影响支撑剂在体积裂缝前端分布的主要因素包括体积裂缝缝端开度、裂缝的缝面粗糙度、压裂液的黏度以及粉砂的尺寸，为了明确上述因素对粉砂分布的影响，开展了单因素实验。图 6.18 为不同开度下缝内净压力和运移最长距离，初始阶段缝内压力为零，液体连续充注，直到充满裂缝时，压力开始上升，随滤失时间的增加，缝内压力快速增加。流失时间约为 13min 时，缝内压力达到稳定状态。随压裂液滤失量的增加，粉砂在缝内累积导致压力逐步上升，待裂缝中的粉砂分布稳定，且更多的粉砂无法进入裂缝时，缝内压力也逐渐稳定。采用 0.80mm、1.06mm、1.26mm 的缝口开度 w 进行对比实验，缝口开度越小，缝内形成的稳定压力越大，0.80mm、1.06mm 的缝口开度可维持接近 1MPa 的稳定压力，1.26mm 的缝口开度可维持 0.8MPa 的稳定压力。较小开度下，粉砂更易在裂缝中聚集，从而对流动通道造成封堵。缝口开度越大，运移最长距离越大，含粉砂压裂液在裂缝中运移所受粗糙缝面的影响越小，受到的阻力越低，则具有更长的运移距离。因此，可考虑施工过程中优选压裂液的注入速率，既保证压开新裂缝，还能兼顾压裂液在体积裂缝前端的滤失，使得粉砂既能够进入小开度的裂缝起到封堵作用，还能实现更大的改造体积。

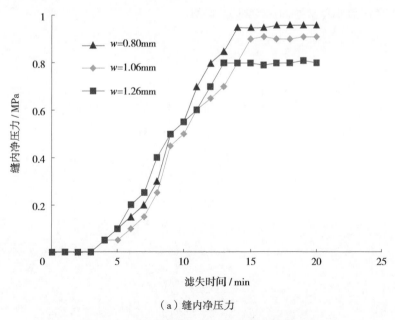

（a）缝内净压力

图 6.18　不同开度下缝内净压力和运移最长距离

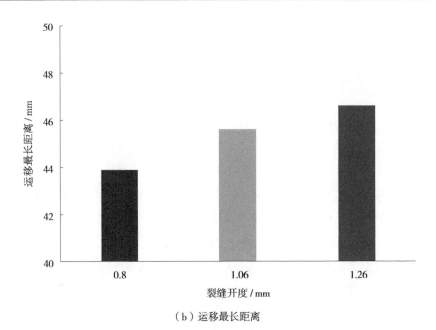

（b）运移最长距离

图 6.18　不同开度下缝内净压力和运移最长距离（续）

对于不同粗糙度下的缝内净压力和运移最长距离（图 6.19），已知 V–1、V–2、V–3 缝面粗糙度逐渐变小，缝面粗糙度越小，缝内净压力上升的速率越慢，且最终稳定的缝内压力值也较小。在相同的裂缝开度下，较大缝面粗糙度的粉砂更容易积聚，快速形成封堵效果。随缝面粗糙度的降低，运移最长距离逐渐增加，缝面粗糙度越低，压裂液运移的阻力大幅度下降，粉砂更容易被输向体积裂缝尖端。

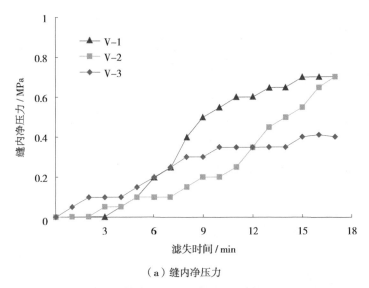

（a）缝内净压力

图 6.19　不同粗糙度下缝内净压力和运移最长距离

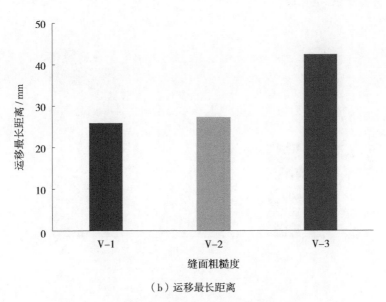

（b）运移最长距离

图 6.19　不同粗糙度下缝内净压力和运移最长距离（续）

为了研究压裂液的黏度对粉砂分布的影响，配置 5mPa·s、10mPa·s、15mPa·s 黏度的压裂液开展了对比实验（图 6.20）。压裂液的黏度越高，缝内压力稳定时形成的缝内压力越高，粉砂运移最长距离越长。15mPa·s 的压裂液形成稳定的缝内压力达到 1.5MPa，5mPa·s 的压裂液形成稳定的缝内压力 1MPa。高黏液体具有良好的携砂性能，同时在缝内流动的黏滞阻力更大，更容易形成较高的缝内净压力。高黏液体体系下，流体也更容易将粉砂携带向更远处。压裂液的携砂性能是压裂施工重点考虑的因素之一，获得较好的携砂性能可适度提高压裂液的黏度，避免因黏度过高而导致的单一裂缝扩展。

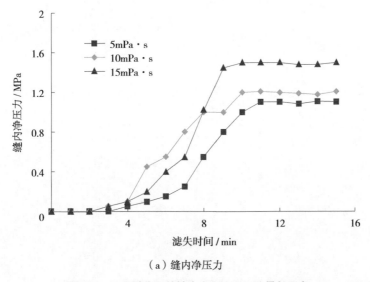

（a）缝内净压力

图 6.20　不同黏度下的缝内净压力和运移最长距离

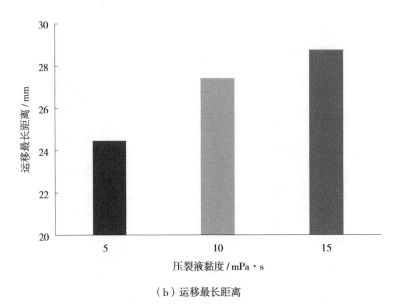

（b）运移最长距离

图 6.20　不同黏度下的缝内净压力和运移最长距离（续）

采用 70/100 目和 100/140 目石英砂进行体积裂缝前端分布模拟（图 6.21），100/140 目粉砂滤失达到平衡时，缝内压力接近 1MPa；70/100 目石英砂滤失达到平衡时，缝内压力稳定在 0.4MPa。大粒径的石英砂在缝内压力上升过程中形成封堵较快，但最终的封堵效果较差。粉砂在体积裂缝前端形成的缝内压力显著高于小粒径的石英砂所形成的缝内压力。石英砂的粒径越小，运移最长的距离越长，大粒径石英砂受粗糙缝面摩擦，较难在体积裂缝缝端长距离运移。压裂过程中加入粉砂，具有打磨炮眼、封堵近井地带裂缝以及提高缝内净压力的作用。目前国内压裂过程中添加粉砂的尝试较少，且粉砂的加量较局限，可通过

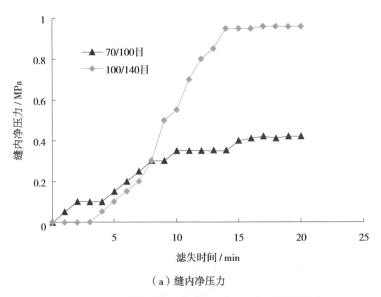

（a）缝内净压力

图 6.21　不同粉砂目数下的缝内净压力和运移最长距离

适度提高压裂过程中粉砂的用量，降低支撑剂的成本，发挥粉砂在压裂中扩展裂缝网络的作用。

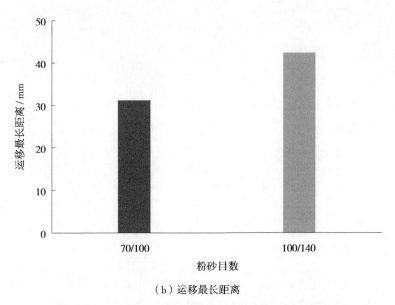

（b）运移最长距离

图 6.21　不同粉砂目数下的缝内净压力和运移最长距离（续）

　　体积压裂过程中加入粉砂，在缝内形成封堵，图 6.22 为粉砂在裂缝前端的封堵机理示意图。第一级和第二级压裂时未添加粉砂，第三级压裂采用段塞式加砂加入粉砂。第一级和第二级主裂缝延伸较长，形成的裂缝改造体积较狭长；第三级主裂缝较短，形成的改造体积较宽。压裂过程中添加粉砂，粉砂随压裂液的流动及滤失进入位于体积裂缝前端的微裂缝，将微裂缝进行封堵，形成更高的缝内压力。主缝两侧的分支裂缝在高缝内压力下开启扩展，这一过程抑制了主裂缝的进一步扩展，逐步形成由点到线再到面的三维立体封堵，增加缝网复杂度。

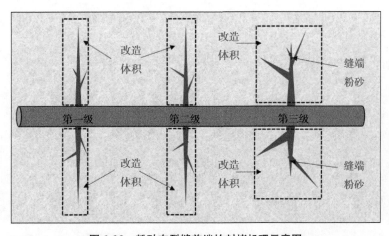

图 6.22　粉砂在裂缝前端的封堵机理示意图

6.3 同步闷井提高液体的正面作用

通过"同步关井"等工艺实现提高压裂液能效利用的目的。考虑井间干扰条件下的渗吸平衡、矿化度演化和井口压降平衡，用于关井时间优选的分析。表 6.2 汇总了上述三种方法的实现手段、优点和缺点。其中，渗吸平衡法无法考虑压裂裂缝系统中的压降情况；矿化度特征法实验过程较复杂，需要连续记录矿化度变化；井口压降法井口压降规律受井间干扰、支撑剂破碎等多种方式的影响，且存在井间干扰时井口压力上升，影响压力平衡的过程。考虑上述方面，采用综合分析方法进行闷井时间优选，实现井平台开发单元的整体动用。

表 6.2　关井时间优化方法特点

方法	手段	优点	缺点
渗吸平衡法	室内静态渗吸实验得到渗吸平衡点为所需关井时间	考虑基质渗吸驱油潜力，可结合井口压降精准确定关井时间	无法考虑压裂裂缝系统中的压降情况
矿化度特征法	矿化度演化实验得到矿化度稳定上升点即关井时间	室内实验和矿场矿化度特征相结合，能得到关井时间的上限	实验过程复杂，需要连续记录矿化度变化
井口压降法	井口压降三段式完成，裂缝系统压降达到完全平衡	全面考虑压裂裂缝系统中压力的平衡，可得到关井时间下限	受井间干扰影响后，井口压力上升，减缓平衡

为克服上述方法在关井时间优选中的局限性，提出了一种关井时间的综合分析法，如图 6.23 所示。关井期间井口压降法充分考虑了关井期间裂缝系统中的压降情况，使得复杂的裂缝系统充液更充分，根据"三段式"压降分析的物理意义，取第二段压降的终点作为裂缝系统中充液完成的指标，即关井时间下限。针对矿化度演化特征的分析，取矿化度变化稳定时的拐点为关井时间的上限。关井的时间上限和下限约定了关井时间优选的合理区间。通过此方法得到的区间较大，基质渗吸平衡法进一步优选出最佳关井时间。综合分析法考虑了压裂裂缝系统中压力平衡，微裂缝充液不充分、渗吸平衡，具有较强的可行性。

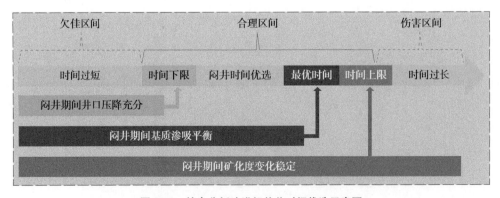

图 6.23　综合分析法进行关井时间优选示意图

以吉木萨尔 Q 井为例，用综合分析法进行关井时间优选。Q 井井眼轨迹基本位于细粉砂岩内，储层物性、含油性变化幅度不大。按照大排量、滑溜水造复杂裂缝的思想开展压裂工作。压裂 27 段，平均段间距 40m，关井 57 天后开井，取得了较好的生产效果，开井初期日产油达 60t，生产一段时间可稳定日产油 20t。

如图 6.24（a）所示，由关井压降曲线得出关井时间下限为 35 天；如图 6.24（b）所示，根据矿化度演化特征转折点可知关井时间的上限为 59 天；如图 6.24（c）所示，通过基质渗吸平衡可知，基质部分充分渗吸需要 20 天。因此，合理的关井时间区间为 35 ~ 59 天，通过综合关井时间优选方法得出的关井时间约为 55 天较好。实际施工的过程中，关井时间

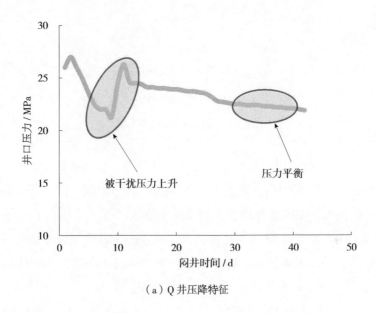

（a）Q 井压降特征

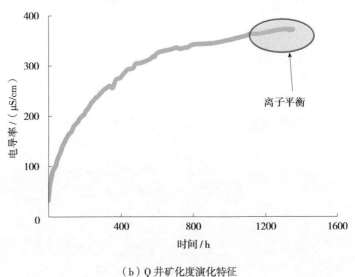

（b）Q 井矿化度演化特征

图 6.24　关井时间分析图

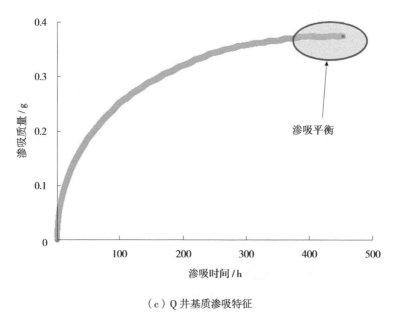

（c）Q 井基质渗吸特征

图 6.24　关井时间分析图（续）

为 59 天，关井时间较充分，同时取得了较好的关井效果，证明提出的综合关井时间优选方法具有较高的可行性。采用同步关井使得裂缝系统中的压力处于同一开发单元，同步压裂实现应力均衡，同步关井实现压力均衡，开发单元整体利用。

邻井压裂施工时，被干扰井压力上升，被干扰井的裂缝网络以及近缝面基质受到邻井压力的干扰，若两口井的液体匹配，则会对被干扰井产生正面的作用。如图 6.25 所示，一口正在生产的井受邻井压裂施工压力干扰，在压力冲击作用下，生产井的压力显著上升，产气量和产油量均显著增加，且后期的生产也维持在较高水平，提高液体压后的能效。

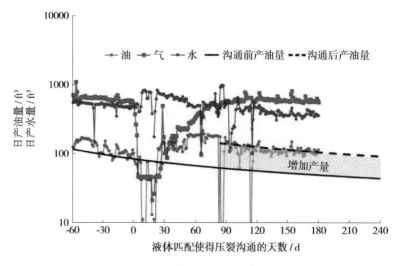

图 6.25　液体匹配使得压裂沟通提高产油速率 [166]

在5.2小结的基础上，为了解温度、压力及层理等外部条件对压裂液渗吸驱油的影响，将标准岩心分成多段岩心，分别放入设定温度为25℃、60℃、90℃的烘干箱进行自发渗吸驱油实验，如图6.26所示。25℃进行的自发渗吸实验，原油动用的程度比较低；60℃、90℃条件下，不仅动用了相对较小孔隙中的原油，较大孔隙中的原油也被动用。图6.29中X-1-1、X-1-2、X-1-3展示了在25℃、60℃、90℃下的渗吸驱油效率，分别为12%、20%、27%。随温度的增加，渗吸驱油效率有明显的提升。一方面，温度的增加能够改善渗吸液、原油以及岩石界面的性质，降低附着在孔壁上的原油的吸附力，在渗吸液的排驱作用下使原油排出孔隙；另一方面，液体具有压缩性，孔隙中的流体在高温下膨胀，一部分孔隙中的原油排出。

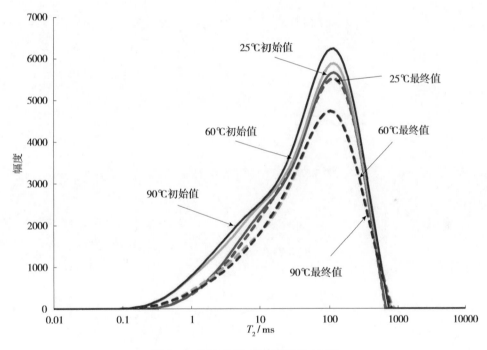

图6.26　温度作用下的渗吸驱油 T_2 谱

平行组岩心进行自发渗吸驱油实验，如图6.27所示，一个样品放置在10MPa的饱和装置中，另一个样品在大气压下自发渗吸。图6.29中X-2-1、X-2-2表示加压与不加压的渗吸驱油效率分别为20%、22%，显然加压渗吸驱油能力明显要好于未加压的渗吸驱油能力。两个相似岩心进行自发渗吸驱油实验，如图6.28所示。图6.29中X-3-1、X-3-2展示了垂直层理和平行层理的渗吸驱油效率，分别为18%、21%，平行层理的渗吸驱油能力明显要高于垂直层理的渗吸驱油能力。层理在渗吸驱油中的作用很重要，因为层理不仅是压裂液进入岩石内部的通道、更是液体与岩石孔隙发生渗吸驱油作用后原油采出的通道。层理是渗吸驱油需要考虑的重要因素，井间干扰条件下的扰动压力在层理较发育的区块能够有效提高压裂液的能效。井平台闷井过程要充分考虑储层层理、温度以及扰动压力的作用，提高井间干扰条件下的压后液体利用效率。

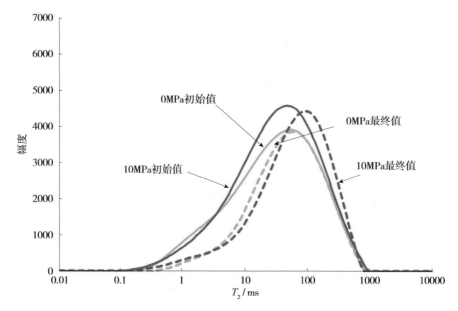

图 6.27　压力作用下的渗吸驱油 T_2 谱

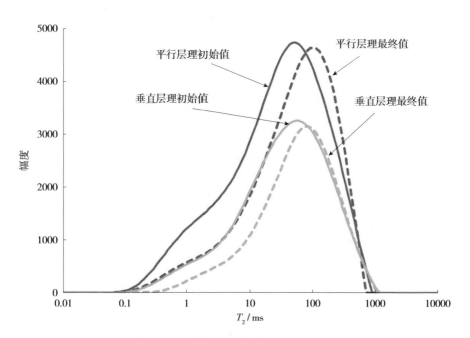

图 6.28　层理作用下的渗吸驱油 T_2 谱

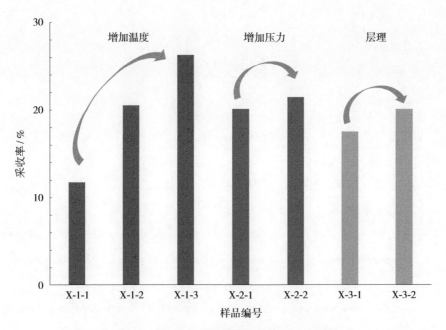

图 6.29　温度、压力和层理对渗吸驱油的影响

参考文献

[1] 吴奇，胥云，王腾飞，等. 增产改造理念的重大变革——体积改造技术概论 [J]. 天然气工业，2011，31（4）：7–12.

[2] 周小金，杨洪志，范宇，等. 川南页岩气水平井井间干扰影响因素分析 [J]. 中国石油勘探，2021，26（2）：103–112.

[3] Guo X, Wu K, Killough J, et al. Understanding the mechanism of interwell fracturing interference with reservoir/geomechanics/fracturing modeling in eagle ford shale [J]. SPE Reservoir Evaluation & Engineering, 2019, 22 (3): 842–860.

[4] Miller G, Lindsay G, Baihly J, et al. Parent well refracturing: Economic safety nets in an uneconomic market [C]. SPE Low Perm Symposium, 2016.

[5] 刘合，匡立春，李国欣，等. 中国陆相页岩油完井方式优选的思考与建议 [J]. 石油学报，2020，41（4）：117–124.

[6] 李国欣，覃建华，鲜成钢，等. 致密砾岩油田高效开发理论认识、关键技术与实践——以准噶尔盆地玛湖油田为例 [J]. 石油勘探与开发，2020，47（6）：1185–1197.

[7] 张矿生，唐梅荣，陈文斌，等. 压裂裂缝间距优化设计 [J]. 科学技术与工程，2021，21（4）：1367–1374.

[8] Hooker J N, Ruhl M, Dickson A J, et al. Shale anisotropy and natural hydraulic fracture propagation: An example from the jurassic (Toarcian) posidonienschiefer, Germany [J]. Journal of Geophysical Research: Solid Earth, 2020, 125（3）：1–14.

[9] Pakzad R, Wang S, Sloan S W. Three–dimensional finite element simulation of fracture propagation in rock specimens with pre–existing fissure（s）under compression and their strength analysis [J]. International Journal for Numerical and Analytical Methods in Geomechanics, 2020, 44（10）：1472–1494.

[10] Ma L, Fauchille A L, Chandler M R, et al. In–situ synchrotron characterisation of fracture initiation and propagation in shales during indentation [J]. Energy, 2021, 215: 119161.

[11] Lei H A, Sheng Z A, De B, et al. Review of fundamental studies of CO_2 fracturing: fracture propagation, propping and permeating [J]. Journal of Petroleum Science and Engineering, 2021, 205: 108823.

[12] 刘向东，黄颖辉，刘东. 特稠油油田井间干扰评价及应用 [J]. 断块油气田，2012，19（S1）：

9–12.

[13] 查文舒，李道伦，卢德唐，等．井间干扰条件下 PEBI 网格划分研究 [J]. 石油学报，2008（5）：742–746.

[14] 庄惠农，朱亚东．双重孔隙介质井间干扰样板曲线研究 [J]. 石油学报，1986（3）：66–75.

[15] 李顺初，周荣辉．邻井干扰压力理论分析及其应用 [J]. 石油勘探与开发，1994，21（1）：84–88.

[16] 孙贺东．邻井干扰条件下的多井压力恢复试井分析方法 [J]. 天然气工业，2016，36（5）：62–68.

[17] 王敬，赵卫，刘慧卿，等．缝洞型碳酸盐岩油藏注水井间干扰特征及其影响因素 [J]. 石油勘探与开发，2020，278（5）：156–165.

[18] 陈志明，陈昊枢，廖新维，等．致密油藏压裂水平井缝网系统评价方法—以准噶尔盆地吉木萨尔地区为例 [J]. 石油与天然气地质，2020，41（6）：1288–1298.

[19] 陈志明，陈昊枢，廖新维，等．基于试井分析的新疆吉木萨尔页岩油藏人工缝网参数反演研究 [J]. 石油科学通报，2019，4（3）：263–272.

[20] 廖新维，陈晓明，赵晓亮，等．低渗油藏体积压裂井压力特征分析 [J]. 科技导报，2016，34（7）：117–122.

[21] 郭旭洋，金衍，黄雷．页岩油气藏水平井井间干扰研究现状和讨论 [J]. 石油钻采工艺，43（3）：348–367.

[22] Gupta I, Rai C, Devegowda D, et al. Fracture hits in unconventional reservoirs: A critical review [J]. SPE Journal, 2021, 26（1）：412–434.

[23] Awotunde A A. Characerization of reservoir parameters using horizontal well interference test [C]. SPE Annual Technical Conference and Exhibition, San Antonio, Texas, USA, September, 2006.

[24] Almasoodi M, Vaidya R, Reza Z. Intra–well interference in tight oil reservoirs: What do we need to consider? Case study from the meramec[C]. SPE Unconventional Resources Technology Conference, 2019.

[25] Daneshy A. Analysis of horizontal well fracture interactions, and completion steps for reducing the resulting production interference [C]. SPE Annual Technical Conference and Exhibition, 2018.

[26] Ajani A A, Kelkar M G. Interference study in shale plays [C]. SPE Hydraulic Fracturing Technology Conference, 2012.

[27] Lawal H, Abolo N U, Jackson G, et al. A quantitative approach to analyze fracture area loss in shale gas reservoirs [M]. London: Blackwell Publishing Ltd, 2014.

[28] Tang H, Zhi C, Yan B, et al. Application of multi–segment well modeling to simulate well interference[C]. SPE Unconventional Resources Technology Conference, 2017.

[29] George E K, Michael F R, Cory S. Frac hit induced production losses: Evaluating root causes, damage location, possible prevention methods and success of remedial treatments [C]. SPE Annual Technical Conference and Exhibition, 2017.

[30] Raul E, BHP, Thomas A, et al. Optimizing the development of the haynesville shale–lessons–learned from well–to–well hydraulic fracture interference [C]. SPE Unconventional Resources Technology Conference, 2017.

[31] Pankaj P. Decoding positives or negatives of fracture–hits: A geomechanical investigation of fracture–hits and its implications for well productivity and integrity [C]. SPE Unconventional Resources Technology Conference, 2018.

[32] Yang X, Yu W, Wu K, et al. Assessment of production interference level due to fracture hits using diagnostic charts [J]. SPE Journal, 2020, 25: 2837–2852.

[33] 封猛, 胡广文, 丁心鲁, 等. 吉木萨尔凹陷致密储层水平井压裂井间干扰分析 [J]. 石油地质与工程, 2018, 32 (3): 108–110, 126.

[34] Sani A M, Podhoretz S B, Chambers B D. The use of completion diagnostics in haynesville shale horizontal wells to monitor fracture propagation, well communication, and production impact[C]. SPE Unconventional Resources Conference, 2015.

[35] Jurgen L, Jessica B, Abhinav P, et al. Expanding interpretation of interwell connectivity and reservoir complexity through pressure hit analysis and microseismic integration [C]. SPE Hydraulic Fracturing Technology Conference, 2016.

[36] Kumar A, Sharma M M. Diagnosing fracture–wellbore connectivity using chemical tracer flowback data [C]. SPE Unconventional Resources Technology Conference, 2018.

[37] Dawson M, Kampfer G. Breakthrough in hydraulic fracture & proppant mapping: Achieving increased precision with lower cost [C]. SPE Unconventional Resources Technology Conference, 2016.

[38] Kumar A, Seth P, Shrivastava K, et al. Integrated analysis of tracer and pressure–interference tests to identify well interference [J]. SPE Journal, 2020, 25 (4): 1623–1635.

[39] Chu W, Pandya N, Flumerfelt R W, et al. Rate–transient analysis based on power–law behavior for permian wells [C]. SPE Annual Technical Conference and Exhibition, 2017.

[40] Raghavan R, Chen C. Fractional diffusion in rocks produced by horizontal wells with multiple, transverse hydraulic fractures of finite conductivity [J]. Journal of Petroleum Science & Engineering, 2013, 109 (Complete): 133–143.

[41] Raghavan R, Chen C, Dacunha J J. Nonlocal diffusion in fractured rocks [J]. SPE Reservoir Evaluation & Engineering, 2017, 20: 383–393.

[42] Chen C, Raghavan R. Transient flow in a linear reservoir for space–time fractional diffusion [J].

Journal of Petroleum Science & Engineering, 2015, 128: 194–202.

[43] Acuña A. Analytical pressure and rate transient models for analysis of complex fracture networks in tight reservoirs[C]. SPE Unconventional Resources Technology Conference, 2016.

[44] Chu W, Scott K, Flumerfelt R, et al. A new technique for quantifying pressure interference in fractured horizontal shale wells[C]. SPE Annual Technical Conference and Exhibition, 2018.

[45] Mayerhofer M , Lolon E , Youngblood J , et al. Integration of microseismic fracture mapping results with numerical fracture network production modeling in the barnett shale [C]. SPE Annual Technical Conference and Exhibition, 2006.

[46] 陈作，薛承瑾，蒋廷学，等 . 页岩气井体积压裂技术在我国的应用建议 [J]. 天然气工业，2010，30（10）：30–32.

[47] Daneshy A A, Au–yeung, Thompson T, et al. Fracture shadowing: A direct method for determination of the reach and propagation pattern of hydraulic fractures in horizontal wells [C]. SPE Hydraulic Fracturing Technology Conference, 2012.

[48] Stanchits S, Surdi A, Edelman E, et al. Acoustic emission and ultrasonic transmission monitoring of hydraulic fracture propagation in heterogeneous rock samples [C]. In: 46th U.S. Rock Mechanics/ Geomechanics Symposium, 2012.

[49] Kim T H, Lee J H, Lee K S. Integrated reservoir flow and geomechanical model to generate type curves for pressure transient responses of a hydraulically–fractured well in shale gas reservoirs [J]. Journal of Petroleum Science and Engineering, 2016, 146: 457–472.

[50] Li N, Zhang S C, Zou Y S, et al. Experimental analysis of hydraulic fracture growth and acoustic emission response in a layered formation [J]. Rock Mechanics and Rock Engineering, 2018, 51:1047–1062.

[51] 周彤 . 层状页岩气储层水力压裂裂缝扩展规律研究 [D]. 北京：中国石油大学（北京），2017: 30–31.

[52] Mehana M, Alsalman M, Fahes M. The impact of salinity and mineralogy on slick water spontaneous imbibition and formation strength in shale [J]. Energy & Fuels, 2018, 32（5）：5725–5735.

[53] Zolfaghari A, Dehghanpour H, Ghanbari E, et al. Fracture characterization using flowback salt–concentration transient[J]. SPE Journal, 2016, 21（1）:233–244.

[54] Shahbazi K, Zarei A H, Shahbazi A, et al. Investigation of production depletion rate effect on the near–wellbore stresses in the two Iranian southwest oilfields [J]. Petroleum Research, 2020, 5（4）：347–361.

[55] Chen Z, Liao X, Zeng L. Pressure transient analysis in the child well with complex fracture geometries and fracture hits by a semi–analytical model [J]. Journal of Petroleum Science and

Engineering, 2020, 191: 107–119.

[56] Manchanda R, Sharma M, Rafiee M, et al. Overcoming the impact of reservoir depletion to achieve effective parent well re-fracturing [C]. SPE Unconventional Resources Technology Conference, 2017.

[57] Anusarn S, Li J, Wu K, et al. Fracture hits analysis for parent-child well development [C]. In: the 53rd U.S. Rock Mechanics/Geomechanics Symposium, 2019.

[58] Fiallos M X, Yu W, Ganjdanesh R, et al. Modeling interwell interference due to complex fracture hits in eagle ford using EDFM [C]. The International Petroleum Technology Conference, 2019.

[59] Aadi K, Ruud W. Pressure depletion and drained rock volume near hydraulically fractured parent and child wells [J]. Journal of Petroleum Science and Engineering, 2019, 172:607–626.

[60] Luo S, Zhao Z, Peng H, et al. The role of fracture surface roughness in macroscopic fluid flow and heat transfer in fractured rocks [J]. International Journal of Rock Mechanics & Mining Sciences, 2016, 87: 29–38.

[61] Rossen W R, Gu Y, Lake L W. Connectivity and permeability in fracture networks obeying power-law statistics [C]. SPE Permian Basin Oil and Gas Recovery Conference, 2000.

[62] 李继庆，刘曰武，黄灿，等. 页岩气水平井试井模型及井间干扰特征 [J]. 岩性油气藏，2018，30（6）：138–144.

[63] Awada A, Santo M, Lougheed D, et al. Is that interference? A work flow for identifying and analyzing communication through hydraulic fractures in a multiwell pad [J]. SPE Journal, 2016, 21（5）：1554–1566.

[64] Haghshenas B, Qanbari F. Quantitative analysis of inter-well communication in tight reservoirs: Examples from montney formation [C]. SPE Canada Unconventional Resources Conference, 2020.

[65] Felisa G, Lenci A, Lauriola I, et al. Flow of truncated power-law fluid in fracture channels of variable aperture [J]. Advances in Water Resources, 2018, 122: 317–327.

[66] Liu Q, Tian S, Yu W, et al. A semi-analytical model for simulation of multiple vertical wells with well interference [J]. Journal of Petroleum Science and Engineering, 2020, 195: 107830.

[67] Daneshy A. Analysis of horizontal well fracture interactions, and completion steps for reducing the resulting production interference [C]. SPE Annual Technical Conference and Exhibition, 2018.

[68] Li Y P, Cheng C H, Toksoz M N. Seismic monitoring of the growth of a hydraulic fracture zone at Fenton Hill, New Mexico [J]. Geophysics, 1998, 63（1）：120.

[69] Rutledge J T, Phillips W S. Hydraulic stimulation of natural fractures as revealed by induced microearthquakes, Carthage Cotton Valley gas field, east Texas [J]. Geophysics, 2003, 68（2）：441–452.

[70] Waters G A, Heinze J R, Jackson R, et al. Use of horizontal well image tools to optimize barnett shale reservoir exploitation [C]. SPE Annual Technical Conference and Exhibition, 2006.

[71] Fisher M K, Wright C A, Davidson B M, et al. Integrating fracture mapping technologies to optimize stimulations in the barnett shale [C]. SPE Annual Technical Conference and Exhibition, 2002.

[72] Nagel N B, Garcia X, Sanchez Nagel M A, et al. Understanding SRV: A numerical investigation of microseismicity during hydraulic fracturing [C]. SPE Annual Technical Conference and Exhibition, 2012.

[73] Maxwell S C, Mack M, Zhang F, et al. Differentiating wet and dry microseismic events induced during hydraulic fracturing [C]. SPE Unconventional Resources Technology Conference, 2015.

[74] McLennan J, Roegiers J C. How instantaneous are instantaneous shut-in pressures? [C]. SPE Annual Technical Conference and Exhibition, 1982.

[75] 张涛, 李相方, 杨立峰, 等. 关井时机对页岩气井返排率和产能的影响 [J]. 天然气工业, 2017, 37（8）：48-60.

[76] Sinha S, Marfurt K J, Deka B. Effect of frequent well shut-in's on well productivity: marcellus shale case study [C]. SPE Eastern Regional Meeting, 2017.

[77] Chuprakov D A, Izimov R M, Spesivtsev P E. Continued hydraulic fracture growth after well shut-in [C]. In: the 51st U.S. Rock Mechanics/Geomechanics Symposium, 2017.

[78] 韩慧芬, 杨斌, 彭钧亮. 压裂后闷井期间页岩吸水起裂扩展研究——以四川盆地长宁区块龙马溪组某平台井为例 [J]. 天然气工业, 2019, 39（1）：74-80.

[79] 杨海, 李军龙, 石孝志, 等. 页岩气储层压后返排特征及意义 [J]. 中国石油大学学报（自然科学版）, 2019, 43（4）：98-105.

[80] Ge H K, Yang L, Shen Y H, et al. Experimental investigation of shale imbibition capacity and the factors influencing loss of hydraulic fracturing fluids [J]. Petroleum Science, 2015, 12（4）：636-650.

[81] Ohno K, Ohtsu M. Crack classification in concrete based on acoustic emission [J]. Construction and Building Materials, 2010, 24（12）：2339-2346.

[82] Cheng Y. Impact of water dynamics in fractures on the performance of hydraulically fractured wells in gas shale reservoirs [J]. Journal of Canadian Petroleum Technology, 2012, 51（2）：143-151.

[83] Asadi M, Woodroof R A, and Himes R E. Comparative study of flowback analysis using polymer concentrations and fracturing fluid tracer methods: A field study [J]. SPE Prod & Oper, 2008, 23: 147-157.

[84] Zhong Ying, Kuru Ergun, Zhang Hao, et al. Effect of fracturing fluid/shale rock interaction on the rock physical and mechanical properties, the proppant embedment depth and the fracture

conductivity [J]. Rock Mechanics and Rock Engineering, 2019, 52（4）: 1011-1022.

[85] 卢拥军，王海燕，管保山，等．海相页岩压裂液低返排率成因 [J]. 天然气工业,2017,37(7): 46-51.

[86] Ehlig-Economides C, Economides M. Water as proppant [C]. SPE Annual Technical Conference and Exhibition, 2011.

[87] Mcclure M. The potential effect of network complexity on recovery of injected fluid following hydraulic fracturing [C]. SPE Unconventional Resources Conference, 2014.

[88] Wang M, Leung J Y. Numerical investigation of fluid-loss mechanisms during hydraulic fracturing flow-back operations in tight reservoirs [J]. Journal of Petroleum Science & Engineering, 2015, 133: 85-102.

[89] Ghanbari E, Dehghanpour H. The fate of fracturing water: A field and simulation study [J]. Fuel, 2016, 163: 282-294.

[90] Liu Y, Leung J Y, Chalaturnyk R, et al. Fracturing fluid distribution in shale gas reservoirs due to fracture closure, proppant distribution and gravity segregation [C]. SPE Unconventional Resources Conference, 2017.

[91] Parmar J, Dehghanpour H, Kuru E. Displacement of water by gas in propped fractures: Combined effects of gravity, surface tension, and wettability [J]. Journal of Unconventional Oil & Gas Resources, 2014, 5: 10-21.

[92] Yang L, Ge H, Shen Y, et al. Experimental research on the shale imbibition characteristics and its relationship with microstructure and rock mineralogy [C]. SPE Asia Pacific Unconventional Resources Conference and Exhibition, 2015.

[93] Roychaudhuri B, Tsotsis T T, Jessen K. An experimental investigation of spontaneous imbibition in gas shales [J]. Journal of Petroleum Science & Engineering, 2013, 111（11）: 87-97.

[94] Shen Y, Ge H, Li C, et al. Water imbibition of shale and its potential influence on shale gas recovery-a comparative study of marine and continental shale formations [J]. Journal of Natural Gas Science & Engineering, 2016, 35: 1121-1128.

[95] Jung C M. Measurement of fluid properties in organic-rich shales [D]. Austin: The University of Texas at Austin, 2015.

[96] Lufeng Z, Fujian Z, Shicheng Z, et al. Evaluation of permeability damage caused by drilling and fracturing fluids in tight low permeability sandstone reservoirs [J]. Journal of Petroleum Science and Engineering, 2019, 175: 1122-1135.

[97] Zhang J, Al-Bazali T M, Chenevert M E, et al. Factors controlling the membrane efficiency of shales when interacting with water-based and oil-based muds [J]. SPE Drilling & Completion, 2008, 23（2）:

150–158.

[98] Dicker A I, Smits R M. A practical approach for determining permeability from laboratory pressure–pulse decay measurements [C]. SPE International Meeting on Petroleum Engineering, 1988.

[99] Brace W F, Walsh J B, Frangos W T. Permeability of granite under high pressure [J]. Journal of Geophysical Research, 1968, 73（6）: 2225–2236.

[100] Zhang L, Zhou F, Pournik M, et al. An integrated method to evaluate formation damage resulting from water and alkali sensitivity in dongping bedrock reservoir [J]. SPE Reservoir Evaluation & Engineering, 2019, 23（1）: 187–199.

[101] Oort E V, Hale A H, Mody F K, et al. Transport in shales and the design of improved water–based shale drilling fluids [J]. SPE Drilling & Completion, 1996, 11（3）:137–146.

[102] Ozkaya S I, Lewandoswki H J, Coskun S B. Fracture study of a horizontal well in a tight reservoir–Kuwait [J]. Journal of Petroleum Science & Engineering, 2007, 55（1–2）: 6–17.

[103] Makhanov K, Habibi A, Dehghanpour H, et al. Liquid uptake of gas shales: A workflow to estimate water loss during shut–in periods after fracturing operations[J]. Journal of Unconventional Oil and Gas Resources, 2014, 7:22–32.

[104] Lai F, Li Z, Wei Q, et al. Experimental investigation of spontaneous imbibition in tight reservoir with nuclear magnetic resonance testing [J]. Energy & Fuels, 2016, 30（11）: 8932–8940.

[105] Liang B, Jiang H, Li J, et al. Investigation of oil saturation development behind spontaneous imbibition front using nuclear magnetic resonance T_2 [J]. Energy & Fuels, 2017, 31（1）: 473–481.

[106] Jiang Yun, Shi Yang, Guo, Qing, et al. Experimental study on spontaneous imbibition under confining pressure in tight sandstone cores based on low–field nuclear magnetic resonance measurements [J]. Energy & Fuels, 2018, 32（3）: 3152–3162.

[107] You Q, Wang H, Zhang Y, et al. Experimental study on spontaneous imbibition of recycled fracturing flow–back fluid to enhance oil recovery in low permeability sandstone reservoirs [J]. Journal of Petroleum Science & Engineering, 2018, 166: 375–380.

[108] Kerunwa A, Onyekonwu M O, Anyadiegwu C I, et al. Spontaneous imbibition in niger delta cores [C]. SPE Nigeria Annual International Conference and Exhibition, Lagos, Nigeria, August 2016.

[109] Hatiboglu C U, Babadagli T. Primary and secondary oil recovery from different–wettability rocks by countercurrent diffusion and spontaneous imbibition [J]. SPE Res Eval & Eng, 2008（11）: 418–428.

[110] Akin S, Kovscek A R. Imbibition studies of low–permeability porous media [C]. SPE Western Regional Meeting, 1999.

[111] Olafuyi O A, Cinar Y, Knackstedt M A, et al. Spontaneous imbition in small cores [C]. SPE Asia Pacific Oil & Gas Conference and Exhibition, 2007.

[112] Dehghanpour H, Lan Q, Saeed Y, et al. Spontaneous imbition of brine and oil in gas shales: Effect of water adsorption and resulting microfractures [J]. Energy & Fuels, 2013, 27（6）: 3039–3049.

[113] Birdsell D T, Rajaram H, Lackey G. Imbition of hydraulic fracturing fluids into partially saturated shale [J]. Water Resources Research, 2015, 51（8）: 6787–6796.

[114] Zolfaghari A, Dehghanpour H, Holyk J. Water sorption behaviour of gas shales: I. Role of clays [J]. International Journal of Coal Geology, 2017, 179:130–138.

[115] Setiawan A, Nomura H, Suekane T. Microtomography of imbition phenomena and trapping mechanism [J]. Transport in Porous Media, 2012, 92（2）: 243–257.

[116] Ji L, Geehan T. Shale failure around hydraulic fractures in water fracturing of shale gas [C]. SPE Unconventional Resources Conference, 2013.

[117] Yang L, Ge H, Shi X, et al. Experimental and numerical study on the relationship between water imbition and salt ion diffusion in fractured shale reservoirs [J]. Journal of Natural Gas Science & Engineering, 2017, 38: 283–297.

[118] Deng L, King M J. Theoretical investigation of the transition from spontaneous to forced imbition [J]. SPE Journal, 2019（24）: 215–229.

[119] Wang C, Cui W, Zhang H, et al. High efficient imbition fracturing for tight oil reservoir [C]. SPE Trinidad and Tobago Section Energy Resources Conference, 2018.

[120] Karimi S, Kazemi H, Simpson G A. Capillary pressure, fluid distribution, and oil recovery in preserved middle bakken cores [C]. SPE Oklahoma City Oil and Gas Symposium, 2017.

[121] Kim T W, Kovscek A. High–temperature imbition for enhanced recovery from diatomite [C]. SPE Western Regional Meeting, 2017.

[122] Ghanbari E, Dehghanpour H. Impact of rock fabric on water imbition and salt diffusion in gas shales [J]. International Journal of Coal Geology, 2015, 138:55–67.

[123] Roshan H, Ehsani S, Marjo C E, et al. Mechanisms of water adsorption into partially saturated fractured shales: An experimental study [J]. Fuel, 2015, 159:628–637.

[124] Song B. Model for fracturing fluid flowback and characterization of flowback mechanisms [M]. Austin: University of Texas at Austin, 2014.

[125] Handy L. Determination of effective capillary pressure for porous media from imbition data [J]. Society of Petroleum Engineers, 1960, 219: 75–80.

[126] Jiang Y, Shi Y, Xu G, et al. Experimental study on spontaneous imbition under confining pressure in tight sandstone cores based on low–field nuclear magnetic resonance measurements [J]. Energy

& Fuels, 2018, 32（3）: 3152–3162.

[127] Yang L, Ge H, Shi X, et al. The effect of microstructure and rock mineralogy on water imbibition characteristics in tight reservoirs [J]. Journal of Natural Gas Science & Engineering, 2016, 34: 1461–1471.

[128] 杨柳. 压裂液在页岩储层中的吸收及其对工程的影响 [D]. 北京: 中国石油大学（北京）, 2016: 99–100.

[129] 刘均一, 郭保雨. 页岩气水平井强化井壁水基钻井液研究 [J]. 西安石油大学学报（自然科学版）, 2019, 34（2）: 86–92.

[130] 杜森森. 纳米粒子物理封堵护壁技术研究 [D]. 青岛: 中国石油大学（华东）, 2017: 32–33.

[131] 陈良. 钻井液防塌封堵评价方法及封堵机理研究 [D]. 成都: 西南石油大学, 2013: 49–50.

[132] 尹达, 王书琪, 张斌. MMH 正电胶防漏堵漏技术 [J]. 钻井液与完井液, 2000, 17（1）: 46–48.

[133] 张洪利, 郭艳, 王志龙. 国内钻井堵漏材料现状 [J]. 特种油气藏, 2004（2）: 1–2.

[134] 吴国涛, 薛世杰, 王永贤, 等. 复合暂堵剂暂堵技术 [J]. 油气井测试, 2018, 27（6）: 51–56.

[135] Ni Y F, Huang Y L. Application status of chemical plugging agent in oil drilling [J]. Chemical Engineering, 2016（8）: 1–2.

[136] 王博. 暂堵压裂裂缝封堵与转向规律研究 [D]. 北京: 中国石油大学（北京）, 2019: 105–106.

[137] Chen M, Zhang, Xu Y, et al. A numerical method for simulating planar 3D multi-fracture propagation in multi-stage fracturing of horizontal wells [J]. Petroleum Exploration and Development, 2020, 47（1）: 172–184.

[138] Sobhaniaragh B, Trevelyan J, Mansur W J, et al. Numerical simulation of MZF design with non-planar hydraulic fracturing from multi-lateral horizontal wells [J]. Journal of Natural Gas Science and Engineering, 2017, 46: 93–107.

[139] Gao Q, Cheng Y, Yan C. Numerical study of horizontal hydraulic fracture propagation in multi-thin layered reservoirs stimulated by separate layer fracturing [J]. Geosystem Engineering, 2020, 23（1）: 13–25.

[140] Gao Q, Cheng Y, Han S, et al. Numerical modeling of hydraulic fracture propagation behaviors influenced by pre-existing injection and production wells–ScienceDirect [J]. Journal of Petroleum Science and Engineering, 2019, 172: 976–987.

[141] Huang B, Liu J. Experimental investigation of the effect of bedding planes on hydraulic fracturing under true triaxial stress [J]. Rock Mechanics and Rock Engineering, 50（10）: 2627–2643.

[142] Cao Z, Liu G, Kong Y, et al. Lacustrine tight oil accumulation characteristics: Permian Lucaogou Formation in Jimusaer Sag, Junggar Basin [J]. International Journal of Coal Geology, 2016, 153: 37–51.

[143] Kuang L, Tang Y, Lei D , et al. Formation conditions and exploration potential of tight oil in the Permian saline lacustrine dolomitic rock, Junggar Basin, NW China [J]. Petroleum Exploration & Development, 2012, 39（6）: 700–711.

[144] Pang H, Pang X Q, Dong L, et al. Factors impacting on oil retention in lacustrine shale: Permian Lucaogou Formation in Jimusaer Depression, Junggar Basin [J]. Journal of Petroleum ence and Engineering, 2017, 163: 79–90.

[145] Malpani R, Alimahomed F, Defeu C, et al. Multigeneration section development in the wolfcamp, delaware basin[C]. Unconventional Resources Technology Conference, 2019.

[146] King G E, Rainbolt M F, Swanson C. Frac hit induced production losses: Evaluating root causes, damage location, possible prevention methods and success of remedial treatments [C]. SPE Annual Technical Conference and Exhibition, 2017.

[147] 王旭升，陈占清. 岩石渗透试验瞬态法的水动力学分析 [J]. 岩石力学与工程学报，2006（s1）: 3098–3103.

[148] Zimmerman R W, Somerton W H, King M S. Compressibility of porous rocks [J]. Journal of Geophysical Research Solid Earth, 1986, 91（B12）: 12765–12777.

[149] Xu Y, Ezulike O, Dehghanpour H. Estimating compressibility of complex fracture networks in unconventional reservoirs [J]. International Journal of Rock Mechanics and Mining Sciences, 2020, 127（7）: 104186.

[150] Fu Y, Dehghanpour H, Ezulike D O, et al. Estimating effective fracture pore volume from flowback data and evaluating its relationship to design parameters of multistage–fracture completion [J]. SPE Production & Operations, 2017, 32（4）: 423–439.

[151] Wang Y, Xu M, Yang C, et al. Effects of elastoplastic strengthening of gravel soil on rockfall impact force and penetration depth[J]. International Journal of Impact Engineering, 2020, 136: 1–14.

[152] Rey A, Schembre J, Wen X H. Calibration of the water flowback in unconventional reservoirs with complex fractures using embedded discrete fracture model EDFM[C]. SPE Liquids–Rich Basins Conference, 2019.

[153] Weng X, Kresse O, Cohen C, et al. Modeling of hydraulic–fracture–network propagation in a naturally fractured formation [J]. SPE Production & Operations, 2011, 26（4）: 368–380.

[154] Weng X, Kresse O, Chuprakov D, et al. Applying complex fracture model and integrated workflow in unconventional reservoirs [J]. Journal of Petroleum Science & Engineering, 2014, 124: 468–483.

[155] Kresse O, Weng X, Gu H, et al. Numerical modeling of hydraulic fractures interaction in complex naturally fractured formations [J]. Rock Mechanics & Rock Engineering, 2013, 46（3）: 555–568.

[156] Wang S, Wang X, Bao L, et al. Characterization of hydraulic fracture propagation in tight formations: A fractal perspective [J]. Journal of Petroleum Science and Engineering, 2020, 195(5): 107871.

[157] Ju Y, Wu G, Wang Y, et al. 3D numerical model for hydraulic fracture propagation in tight ductile reservoirs, considering multiple influencing factors via the entropy weight method [J]. SPE Journal, 2021, 1: 1–18.

[158] Zhang P, Tweheyo M T, Austad T. Wettability alteration and improved oil recovery by spontaneous imbibition of seawater into chalk: Impact of the potential determining ions Ca^{2+}, Mg^{2+}, and SO_4^{2-} [J]. Colloids & Surfaces A Physicochemical & Engineering Aspects, 2007, 301（1–3）: 199–208.

[159] Akrad O M, Miskimins J L, Prasad M. The effects of fracturing fluids on shale rock mechanical properties and proppant embedment [C]. SPE Annual Technical Conference and Exhibition, 2011.

[160] Zhang Y, Ge H, Shen Y, et al. The retention and flowback of fracturing fluid of branch fractures in tight reservoirs [J]. Journal of Petroleum Science and Engineering, 2020, 198: 108228.

[161] Zhang Y, Ge H, Liu G, et al. Experimental study of fracturing fluid retention in rough fractures [J]. Geofluids, 2019, 2019: 1–20.

[162] Ehlig-Economides C A, Economides M J. Water as proppant [C]. SPE Annual Technical Conference and Exhibition, 2011.

[163] 王睿. 致密油藏压后闷井蓄能机理与规律的数值模拟研究[D]. 北京: 中国石油大学（北京），2019: 38–39.

[164] 张铭. 低渗透岩石实验理论及装置 [J]. 岩石力学与工程学报，2003，22（6）: 919–925.

[165] 李小春，王颖，魏宁. 变容压力脉冲渗透系数测量方法研究 [J]. 岩石力学与工程学报，2008，12: 2482–2487.

[166] Jones M, Stratton J, Newton R, et al. Case study: Successful applications of weak emulsifying surfactants in the wolfcamp formation of reagan county, TX [C]. SPE Liquids-Rich Basins Conference, 2016.